.

Sitzungsberichte

der

Bayerischen Akademie der Wissenschaften

Mathematisch-naturwissenschaftliche Abteilung

Sonderabdruck aus Jahrgang 1929

Über Rhamphorhynchus und sein Schwanzsegel

Mit 3 Tafeln und 10 Textfiguren

Über Anurognathus Ammoni Döderlein

Mit 2 Tafeln und 5 Textfiguren

Ein Pterodactylus mit Kehlsack und Schwimmhaut

Mit 1 Tafel und 7 Textfiguren

von

Ludwig Döderlein

Vorgetragen in der Sitzung am 15. Dezember 1928

München 1929

Verlag der Bayerischen Akademie der Wissenschaften

in Kommission des Verlags R. Oldenbourg München

DRUCKSCHRIFTEN

der

BAYER. AKADEMIE DER WISSENSCHAFTEN.

Über Rhamphorhynchus und sein Schwanzsegel.

Von **Ludwig Döderlein** in München.

Mit Tafel 1—3 und 10 Textfiguren.

Vorgetragen in der Sitzung am 15. Dezember 1928.

Inhaltsübersicht.

In der einzigartigen Serie von Flugsauriern aus dem lithographischen Schiefer von Solnhofen und Eichstätt, die in der paläontologischen Staatssammlung von München aufbewahrt werden, befindet sich seit 1907 ein sehr beachtenswertes Exemplar von *Rhamphorhynchus Gemmingi* H. v. Meyer, das wohl mehrfach in der Literatur erwähnt ist, aber bisher noch nicht genauer beschrieben oder abgebildet wurde.

Was dieses Stück so besonders interessant macht, ist der Umstand, daß es das Schwanzsegel in ausgezeichnetem Zustand erhalten zeigt, über dessen Einzelheiten bisher nur Marsh[1]) 1882 berichtet und Abbildung gegeben hat, und daß es ferner auf einzelnen Bruchstücken Andeutungen einer eigenartigen, in Flocken oder Büscheln auftretenden Bedeckung der Körperoberfläche erkennen läßt. Unglücklicherweise ist dies Exemplar nur in unzusammenhängenden größeren und kleineren Trümmern der Platte und Gegenplatte in die paläontologische Sammlung gekommen, nachdem die einzelnen Bruchstücke der Hauptplatte zu einem Schaustück zusammengesetzt waren, aber offenbar der Raumersparnis wegen gegenüber dem ursprünglichen Zustand mehr oder weniger stark verschoben sind. Die vorhandenen Lücken sind durch Gips ergänzt, auf dem einige fehlende Skelett- und Flügelteile in recht geschickter Weise naturgetreu nachgebildet wurden.

Es bestand kein Anlaß, das mit einem Rahmen versehene Schaustück zu zerstören, um die wahrscheinliche ursprüngliche Lage aller Teile wieder herzustellen, da für die Wissenschaft gar nichts damit gewonnen würde. Bei der photographischen Aufnahme der Hauptplatte (Tafel 1) wurden die Trümmer der Gegenplatte, soweit sie etwas Bemerkenswertes enthielten, gegenüber den entsprechenden Teilen der Hauptplatte auf diese gelegt. Gerade diese wenigen Bruchstücke der Gegenplatte zeigen aber die interessantesten Teile, die erhalten sind, besser noch als die Hauptplatte selbst, so den äußeren Teil eines Flügels, das Schwanzsegel und die büschelartige Körperbedeckung.

Dies Exemplar von *Rhamphorhynchus* ist offenbar in fast ungestörtem Zusammenhang und unter den günstigsten Umständen in dem Kalkschlamm zur Fossilisation gekommen, so daß sich in seltener Deutlichkeit die Abdrücke von Weichteilen des Flügels, des Schwanzsegels und der vermutlich teilweise behaarten Körperoberfläche erhalten konnten. Sowohl auf der Hauptplatte wie auf der Gegenplatte muß ursprünglich das vollständige Tier in wunderbarer Erhaltung vorhanden gewesen sein. Es ist unendlich zu bedauern, daß von diesem einzigartigen Stück, das vor allem über die rätselhafte Körperbedeckung der Flugsaurier den erwünschten Aufschluß hätte geben können, durch den Finder nur einzelne

---

[1]) O. C. Marsh, The Wings of *Pterodactyles*. Americ. Journ. of Science Vol. 23, p. 251—256, mit Tafel. 1882.

Bruchstücke, wie es der Zufall fügte, aufgelesen worden sind. Kein anderes bekanntes Exemplar der Pterosaurier zeigt nur annähernd eine derartig günstige Erhaltung der Verhältnisse der Körperoberfläche. Was aber nunmehr von dem Exemplar noch vorhanden ist, genügt leider nicht, sich ein befriedigendes Bild von diesen Verhältnissen zu machen.

Herrn Professor Broili, der mir in zuvorkommendster Weise die Gelegenheit gab, dieses Exemplar zu untersuchen und mit anderen in der Sammlung befindlichen zu vergleichen, spreche ich dafür meinen besten Dank aus, ebenso Herrn Professor v. Stromer, dem ich den größten Teil der benutzten Literatur verdanke.

Das vorliegende Exemplar stimmt in seinen Ausmessungen ziemlich gut mit dem von H. v. Meyer[1]) 1860, p. 81 beschriebenen und auf Taf. 9 Fig. 1 abgebildeten Exemplar überein. Es ist deshalb wie dieses als *Rh. Gemmingi* H. v. Meyer zu bezeichnen. Allerdings besitzt es vier Sakralwirbel, während H. v. M. bei seinem Exemplar nur drei angibt. Es stammt aus dem Nachlaß des Naturalienhändlers Kohl in München und kam 1907 in die paläontologische Staatssammlung von München. Als Fundort ist der lithographische Schiefer von Schernfeld bei Eichstätt angegeben.

Reste des Skelettes.

Die in einem Rahmen montierte Hauptplatte besteht aus vier einzelnen größeren Bruchstücken, die durch Gips miteinander verbunden und auf Tafel 1 mit Nr. 1—4 bezeichnet sind.

1. Das erste dieser Bruchstücke enthält den größten Teil des Rumpfes und den proximalen Teil des Schwanzes im Zusammenhang. Der Rumpf liegt mit dem Rücken nach oben. Deutlich lassen sich in fast ungestörter Anordnung und noch im Zusammenhang mit ihren Wirbeln auf der rechten Körperseite 7 Rippen bzw. deren Abdrücke erkennen. Deren erste ist 15.5 mm lang und fast gerade und zeigt ein verbreitertes (3.8 mm) Ende, während die fünfte dieser Rippen säbelförmig gebogen und 26 mm lang ist und in einem dünnen Ende ausläuft. Bei den übrigen Rippen ist die Länge nicht mit voller Sicherheit festzustellen. Die Ge-

---

[1]) H. v. Meyer, 1860, *Rhamphorhynchus Gemmingi* aus dem lithographischen Schiefer von Bayern. Palaeontographica, Bd. 7.

samtlänge der sieben dazu gehörigen Wirbel beträgt 40 mm. An den folgenden sechs noch vor dem Kreuzbein liegenden Wirbeln lassen sich Spuren von Rippen nicht mehr erkennen. Hier hat ein Präparator auf der rechten Seite die Gesteinsmasse entfernt, um den hier liegenden Humerus freizulegen. Die Länge dieser sechs Wirbel beträgt zusammen 35 mm. Die folgenden vier Kreuzbeinwirbel zeigen eine kielförmige dorsale Kante, die Neurapophysen. Ihre Gesamtlänge beträgt 18 mm. Die vier von ihnen ausgehenden flachen und breiten Querfortsätze, die das Becken tragen, sind auf der linken Körperseite deutlich zu erkennen. Der erste ist bei einer Länge von 8 mm am proximalen Ende 3.7 mm, am distalen Ende 6 mm breit; der letzte dieser Querfortsätze ist kaum 4 mm lang. Die distalen Enden der vier Querfortsätze berühren sich, ihre proximalen Enden sind weit voneinander getrennt.

Bei *Rhamphorhynchus Gemmingi* werden meist vier Kreuzbeinwirbel angegeben. Wo nur drei beobachtet wurden, dürfte es sich wohl um ungünstig erhaltene Exemplare handeln. Bei dem vorliegenden Exemplar sind zweifellos vier Wirbel vorhanden, deren Querfortsätze in ungestörtem Zusammenhang mit dem Ileum stehen. Der Zustand entspricht durchaus den Abbildungen, die Zittel[1]) 1882, p. 59, Taf. 12, Fig. 2 und Broili[2]) für ein anderes Exemplar (1927, p. 36, Fig. 3) veröffentlicht haben, und die, wie ich mich überzeugen konnte, den Originalen durchaus entsprechen. Und doch führte Wagner[3]) 1858, p. 94, Taf. 5, Fig. 1 gerade das letztere Exemplar als Beweis dafür an, daß *Rhamphorhynchus* nur drei Kreuzbeinwirbel besaß.

Am Becken ist das rechte Acetabulum sehr deutlich mit einem Längsdurchmesser von 5.3 mm. Von seinem Vorderrand bis zum Vorderrand des Ileum sind 20 mm.

Der erhaltene proximale Teil des Schwanzes mißt vom letzten Kreuzbeinwirbel ab 84 mm und besteht aus 9 Wirbeln, von denen die hinteren viel länger sind als die vorderen. Besonders auf der

---

[1]) K. A. Zittel, 1882. Über Flugsaurier aus dem lithographischen Schiefer Bayerns. Palaeontographica, Bd. 29, p. 49—80, Taf. 10—13 (1—4).

[2]) F. Broili, 1927. Ein Exemplar von *Rhamphorhynchus* mit Resten von Schwimmhaut. Sitzgs.-Ber. Bayer. Akad. d. Wiss.

[3]) A. Wagner, 1858. Neue Beiträge zur Kenntnis der urweltlichen Fauna des lithographischen Schiefers. Abhandl. Bayer. Akad. d. Wiss. Bd. 8, 2. Abt.

linken Seite längs der sechs hinteren Schwanzwirbel lassen sich
sehr scharf die Eindrücke von 6—7 verknöcherten Sehnen erkennen, die nach vorn divergieren.

Vom übrigen Skelett liegen auf diesem Teil der Hauptplatte
noch Bruchstücke der beiden Humeri, und zwar sind es ihre proximalen Teile, der eine in einer Länge von 36 mm, vom anderen
nur das breite Gelenkende. Sie liegen beide neben der rechten
Körperseite in der Lendengegend. Auf der linken Körperseite
kommen unter dem linken Ileum die distalen Hälften von Radius
und Ulna des linken Flügels hervor, in ihrer Fortsetzung der
Carpus und der Metacarpus (22 m) des Flugfingers neben Rudi-
menten weiterer Metacarpalia, und wieder in der Fortsetzung das
proximale Ende der ersten Phalange des Flugfingers, aber nur
in einer Länge von 10 mm. Der Carpus zeigt eine Breite von
9 mm, ebenso das distale Ende von Radius und Ulna zusammen.
Ihr Schaft in der Mitte mißt 3.3, bzw. 2.5 mm.

Vom rechten Acetabulum aus reckt sich in noch ursprüng-
lichem Zusammenhang das rechte Femur fast rechtwinkelig zur
Längsachse des Körpers heraus. Es ist 35 mm lang, der Schaft
in der Mitte 3.1 mm breit. Ebenso ist auf der anderen Seite in
voller Länge vom Acetabulum ausgehend das linke Femur vorhanden mit 36 mm Länge. Sehr deutlich ist am proximalen Ende
die scharfe Knickung erkennbar, die der Hals des Femur bei seiner
Einlenkung in das Acetabulum erfährt. An der Knickung ist das
Femur 5.3 mm breit, der Hals des Femur an seiner schmalsten
Stelle 2.4 mm, der Kopf des Femur 4 mm. In der Mitte ist der
Schaft 3.1 mm breit. Am rechten Femur sind die Verhältnisse
am Hals nicht erkennbar. Zum linken Femur fast rechtwinklig
gebeugt schließt sich hier die lange schlanke Tibia an, die die
Schwanzwirbelsäule überkreuzt, und deren Eindruck in voller
Länge zu beobachten ist, während sie selbst auf der Gegenplatte
noch erhalten ist. Sie besitzt eine Länge von 56 mm; ihr Schaft
ist in der Mitte 2.8 mm breit. Am distalen Ende wird sie 3.7 mm
breit. Wo die Tibia die Schwanzwurzel kreuzt, ist sicher festzustellen, daß sie über ihr liegt, da die verknöcherten Sehnen des
Schwanzes unter ihr liegen. Auf der Gegenplatte, wo die ganze
Tibia und diese Sehnen vollständig erhalten sind, ist dies besonders
deutlich zu erkennen.

2. Ein zweites Bruchstück der Hauptplatte, das bei der Zu-
sammensetzung der Platte offenbar der Raumersparnis wegen um
etwa 70 mm kaudalwärts angefügt wurde, zeigt das distale Ende
des rechten Humerus mit einer Länge von 20 und einer Breite
von 6.2 mm. Daran schließen sich die Eindrücke von Radius und
Ulna fast in ihrer ganzen Länge. Ihr distales Ende fehlt, doch
ist am Radius schon dessen Endverbreiterung sichtbar. Der vorhandene Teil des Radius ist 63 mm lang; an der Gesamtlänge
dürften noch etwa 3 mm fehlen, so daß der ganze Radius etwa
66 mm lang gewesen sein mag. Am proximalen Ende ist die Ge-
samtbreite von Radius und Ulna 8.1 mm, in der Mitte des Schaftes
ist der Radius 3.2, die Ulna 2.4 mm breit. Sie überkreuzen einen
darunter liegenden breiten flachen Knochen, der offenbar der ersten
Phalange des rechten Flugfingers angehörte.

Neben diesen Armteilen enthält dieses Bruchstück noch den
vorderen Teil des Unterkiefers mit den charakteristischen langen
schlanken Zähnen, die bis zur Spitze hohl sind (Fig. 10, S. 41).
Von diesem Unterkieferstück ist auch die Gegenplatte vorhanden.
Ebenso liegt auch der vorderste Teil des Zwischenkiefers vor als
besonderes Bruchstück.

3. Ein drittes Bruchstück, aus dem die Hauptplatte besteht,
nebst seiner Gegenplatte enthält die 50 mm lange distale Hälfte
der ersten Phalange des linken Flugfingers nebst dem proximalen
Ende der zweiten Phalange in natürlichem Zusammenhang. Auch
dieses Bruchstück scheint aus Gründen der Raumersparnis nicht
in der ursprünglichen Stellung zum ersten Bruchstück der Hauptplatte angefügt worden zu sein. Wenn es um den Winkel von etwa
19° gedreht und dadurch die Längsachsen der beiden Endstücke
der ersten Phalange zur Deckung gebracht würden, dann würden
diese beiden Endstücke die natürliche Stellung zueinander einnehmen, die sie auch offenbar ursprünglich auf der Hauptplatte
gehabt hatten. Die Gesamtlänge der ersten Phalange dürfte wahrscheinlich etwa 108 mm betragen haben, die Breite in der Mitte
ist 5 mm, am distalen Ende 10 mm.

4. Auf dem vierten Bruchstück der Hauptplatte, von dem
auch die vollständige Gegenplatte vorliegt, findet sich das distale
Ende der zweiten Phalange sowie die vollständige dritte und
vierte Phalange des Flugfingers. Die ganze Länge der zweiten

Phalange dürfte 108 mm betragen haben. Die Breite der zweiten Phalange an ihrer schmalsten Stelle ist 4.7 mm, an ihrem distalen Gelenkende 7.3 mm. Ebenso viel beträgt die Breite am proximalen Gelenkende der dritten Phalange, die an ihrer schmalsten Stelle 3.8 mm mißt, an ihrem distalen Gelenkende 6.3 mm, ebensoviel wie das anstoßende Gelenkende der vierten Phalange, die allmählich gegen ihr Ende zu immer schmäler wird und in der Mitte ihrer Länge noch 2.2 mm breit ist. Die Länge der dritten Phalange ist 100 mm, die der Endphalange 98 mm. Gegenüber dem dritten Bruchstück der Hauptplatte befindet sich das vierte Bruchstück in seiner ursprünglichen Lage, ist aber ebenso wie jenes gegenüber dem ersten Bruchstück verdreht. Bei richtiger Orientierung müßte die Spitze der Endphalange auf den Rahmen des Schaustückes geraten und das auf dem vierten Bruchstück ebenfalls noch vorhandene Schwanzsegel sogar außerhalb des Rahmens zu liegen kommen.

Von knöchernen Skeletteilen zeigt dies vierte Bruchstück auch noch das 128 mm lange Ende der Schwanzwirbelsäule mit den 20 letzten Wirbeln, umgeben von seiner verknöcherten Sehnenscheide. Doch waren diese verschiedenen Bestandteile besonders im Bereich des 80 mm langen Schwanzsegels mit seinen 16 Wirbeln derart zerrissen und zerbrochen, daß es mir zuerst fast aussichtslos erschien, über die Einzelheiten nur einigermaßen Klarheit zu erhalten. Erst nach und nach gelang es mir schließlich, unter Zuhilfenahme anderer Exemplare und nach sorgfältiger Präparation auch daran bestimmte Feststellungen zu machen, und zuletzt war ich selbst ganz überrascht, was man doch alles in diesem wirren Trümmerhaufen noch unterscheiden konnte.

Schwanzwirbelsäule mit Sehnenscheide.

Der Schwanz von *Rhamphorhynchus* ist seiner ganzen Länge nach von einer zusammenhängenden, starren, ungegliederten Scheide umgeben, die aus verknöcherten, völlig geraden Sehnen besteht. Spuren von fadenförmigen Sehnen lassen sich schon an den ersten Schwanzwirbeln gleich hinter den Kreuzbeinwirbeln erkennen und ebenfalls noch an den letzten Wirbeln im hinteren Ende des Schwanzsegels.

Ich fand, daß diese knöcherne Sehnenscheide aus verschieden-
artigen Elementen besteht (Fig. 3 u. 4), vor allem aus feinen fadenförmigen Fasern und aus breiteren, bandförmigen Platten, wie das
schon H. v. Meyer[1]) angegeben hat. Letztere nehmen stets eine bestimmte Lage ein und sind besonders störend bei der Untersuchung
der Wirbelkörper, die sie regelmäßig zum Teil verdecken. Gerade
das vorliegende Exemplar gab mir Gelegenheit, diese Verhältnisse
näher kennen zu lernen, wobei
ich zu folgenden Feststellungen
kam:

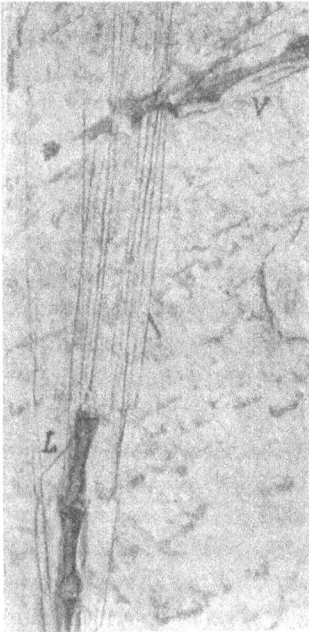

Fig. 1. *Rhamphorhynchus Gemmingi* (*Rh.
curtimanus* Wagner). Schwanzwirbelsäule auseinandergebrochen, mit freien
Sehnenfäden. L = Seitenansicht, V =
Ventralansicht. Nat. Gr.

Wo die verknöcherten Sehnen
bei *Rhamphorhynchus* noch in ihrer
ursprünglichen Lage erhalten sind,
umhüllen sie die Schwanzwirbelsäule so vollständig, daß die
einzelnen Wirbel darunter nicht
sichtbar sind. Diese knöcherne
Sehnenscheide läßt die einzelnen
dicht aneinanderschließenden und
völlig parallel zu einander verlau-
fenden Längsfasern, aus denen sie
besteht, deutlich erkennen. Die
Fasern liegen wenigstens stellenweise in mehreren Schichten übereinander. In ihrem ursprünglichen
Zustand zeigt das Äußere der Sehnenscheide keine Andeutung von
der Gliederung der von ihr um-
hüllten Wirbelsäule. Nur wenn
durch den Gesteinsdruck die knöchernen Fasern in der Mitte der
einzelnen Wirbel etwas eingebogen
sind, können die verdickten Gelenkenden der Wirbel mehr oder
weniger deutlich hervortreten und die Zahl der darunter liegenden
Wirbel erkennen lassen.

---

[1]) H. v. Meyer 1860, Reptilien aus dem lithographischen Schiefer.
Frankfurt a. M.

Das Lumen, das die Sehnenscheide umschließt, ist so geräumig, daß die eigentliche Wirbelsäule nur einen Teil davon in Anspruch nimmt und wesentlich in seiner dorsalen Hälfte liegt.

Die fadenförmigen Längsfasern, aus denen die Sehnenscheide besteht, entspringen in der Nähe der vorderen Gelenkenden der einzelnen Wirbel (Fig. 1). Wenn infolge von Mazeration vor dem Fossilisationsprozeß die einzelnen Sehnenfasern sich aus ihrem Gefüge gelöst haben und dann an ihrem Vorderende frei werden, divergieren sie strahlenförmig vom Rand der proximalen Gelenkenden aus, wie das schon Wagner[1]) beschrieben und abgebildet hat. Ich konnte an solchen Exemplaren bis zu 24 einzelne Sehnenfäden zählen, die an einer Stelle neben und übereinander gelegen und so die Sehnenscheide gebildet hatten. An einzelnen Stellen ließ sich als wahrscheinlich feststellen, daß auf jeder Seite eines Wirbels sechs bis acht parallel zu einander verlaufende Sehnenfäden längs seiner dorsalen Hälfte und ebensoviele Sehnenfäden längs seiner ventralen Hälfte die äußerste Schicht der knöchernen Sehnenscheide bilden.

Einzelne der durch Mazeration an ihrem proximalen Ende freigewordenen Sehnenfäden, die bei einem über 300 mm langen Schwanz etwas hinter dessen Mitte (18. Schwanzwirbel) entsprungen waren, erreichten eine Länge bis zu 150 mm und endeten vorn neben dem dritten Schwanzwirbel; Sehnenfäden vom fünften Segelwirbel erreichten noch eine Länge von 100 mm. Stets sind solche freigewordenen Fäden ganz gerade; nie konnte ich an ihnen wellenförmige Biegungen wahrnehmen, wie sie H. v. Meyer annimmt.

Neben diesen fadenförmigen Sehnenfasern bilden band- oder plattenförmige Sehnenverknöcherungen den tiefer liegenden Teil der knöchernen Sehnenscheide. Und zwar sind es vier derartige Längsbänder, ein Paar dorsal und ein Paar ventral liegend, die ebenfalls anscheinend ununterbrochen und ungegliedert die eigentliche Wirbelsäule umgeben. Die Dicke der einzelnen Bänder entspricht etwa der der Fäden, ihre Breite bleibt nicht weit hinter der der Wirbelkörper zurück. Längs der Sagittallinie liegen die dorsalen wie die ventralen Längsbänder nicht weit entfernt von-

---

[1]) A. Wagner 1858, l. c.

Fig. 2   Fig. 3   Fig. 4

Fig. 2. Mittlere Schwanzwirbel von *Rhamphorhynchus longicaudus* in ihrer Sehnenscheide.
Ansicht der linken Seite. H. v. Meyers Exemplar (Taf. 9, Fig. 5). $\times$ 4.

Fig. 3. Schwanzwirbel von *Rhamphorhynchus Gemmingi*, Münchener Exemplar. Ansicht der
linken Seite. 3. und 4. Wirbel vor dem Schwanzsegel. Wirbelkörper umgeben von
Sehnenfäden (rechts) und Sehnenbändern (links). $\times$ 4.

Fig. 4. Ebenso. Letzter Wirbel vor dem Segel und 1. Segelwirbel (mit eingedrückter Sehnenscheide). Dorsale (D) und ventrale (V) Sehnenbänder umgeben den Wirbelkörper
(W). $\times$ 4.

einander. Doch zwischen den dorsalen und ventralen Bändern ist seitlich ein größerer Zwischenraum. Die ventralen Längsbänder bleiben immer ziemlich weit entfernt von den Wirbelkörpern und scheinen sie nur an deren verdickten Gelenkenden zu berühren, wo sie sich nicht loslösen. Die dorsalen liegen aber in der Regel dicht auf ihnen und verdecken bei seitlicher Lage gewöhnlich einen großen Teil des Wirbels. Sie sind es vor allem, die es so schwierig machen, die Gestalt der von ihnen bedeckten Wirbelkörper festzustellen, selbst wenn der äußere, aus Fäden bestehende Teil der Sehnenscheide entfernt ist, da ihre Umrisse von denen der Wirbelkörper oft kaum zu unterscheiden sind.

Diese Sehnenbänder entspringen jedenfalls auch von den Wirbelkörpern. Es ist mir aber nicht gelungen sicher festzustellen, an welcher Stelle sie ihren Ursprung nehmen. Denn im Gegensatz zu den Sehnenfäden lösten sich die Sehnenbänder auch bei Mazeration nicht von den Wirbelkörpern, auch nicht mit ihrem vorderen Ende.

Nicht zu erklären vermag ich die an einem Exemplar der Münchener Sammlung (Nr. 1885, *Rh. münsteri*, Leik'sche Sammlung) beobachtete Erscheinung, daß im vorderen Teil des Schwanzes die dort vorhandenen ventralen Sehnenbänder in regelmäßigen Abständen sehr auffallende kurze Längsspalten aufweisen. Diese Spalten finden sich jeweils neben den Gelenkstellen von fünf bis sechs aufeinanderfolgenden Wirbeln.

An einem anderen Exemplar (Wagner's *Rh. curtimanus*) konnte ich zwei dicht nebeneinander verlaufende Sehnenfäden beobachten, die sich völlig von einem daneben liegenden Wirbel losgelöst hatten und zweimal kurz nacheinander verschmolzen, um sich gleich wieder zu trennen, sodaß zwischen den beiden Berührungspunkten eine kurze Spalte entstand.

Was nun das Verhältnis der Sehnenbänder zu den Sehnenfäden betrifft, so glaube ich aus einigen Beobachtungen, die ich machte, den Schluß ziehen zu dürfen, daß die Sehnenbänder sich an ihrem proximalen Ende in Sehnenfäden auflösen. Das beobachtete schon Plieninger 1894, p. 208[1]. Es scheint mir, daß die verknöcherten Sehnen zuerst bandförmig entstehen und in dieser Form sich nach vorn über die Länge von einem oder mehreren

---

[1] F. Plieninger 1894, *Campylognathus Zitteli*, Stuttgart.

Wirbeln erstrecken; daß dann aber ihr proximales Ende sich in Fäden auflöst, die sich nachher noch dichotomisch verzweigen können. So erklärt es sich auch, daß der innerste Teil der knöchernen Sehnenscheide aus bandförmigen, der äußere Teil aus fadenförmigen Elementen besteht, und ferner erklärt sich so auch die Beobachtung, daß an einigen Stellen mehrere Sehnenbänder übereinander zu liegen scheinen. Es ist überhaupt oft schwierig, Bänder und Fäden zu unterscheiden, da an einer Bruchstelle der Sehnenscheide mehrere übereinander liegende Bänder das Aussehen von Fäden annehmen.

Ich habe überhaupt nirgends isolierte und von der Verbindung mit den Gelenkenden der Wirbel losgelöste Sehnenbänder beobachten können. Diese befremdende Tatsache kann ich mir schließlich nicht anders erklären als durch die Annahme, daß die Sehnenbänder bei ihrer Trennung vom Wirbelkörper in Sehnenfäden zerfallen. Es erklärt das auch die Beobachtung, daß sich mitunter ein vermeintliches Sehnenband bei genauerem Zusehen als ein System dicht aneinander gedrängter Sehnenfäden herausstellt. Danach wären die Fäden nichts anderes als zerfallene Bänder.

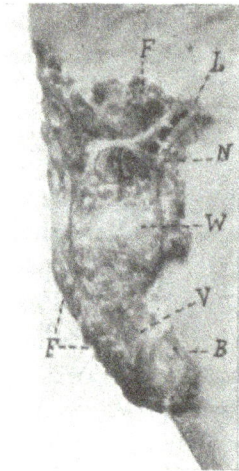

Fig. 5. Querbruch des 10. Schwanzwirbels mit Teilen der Sehnenscheide von *Rhamphorhynchus Gemmingi.* Größtenteils von Gestein umgeben (rechts). B = Sehnenband, F = Sehnenfäden, L = dorsale Längsleiste mit pneumatischen Räumen, N = Neuralkanal, V = ventraler Teil der Sehnenscheide, W = Wirbelkörper. × 7.

Über die Form der langen schlanken Wirbelkörper selbst vermochte ich erst nach längeren Bemühungen sichere Resultate zu gewinnen. Sie sind fast regelmäßig bedeckt von den breiten dorsalen Sehnenbändern. Selbst unter günstigen Umständen ist gewöhnlich nur das konkave Profil ihres ventralen Randes deutlicher zu erkennen, selten das weniger konkave dorsale Profil. Daß diese konkave Seite der Wirbelkörper die ventrale ist, geht besonders aus der Beobachtung an einem Exemplar von *Rh. longicaudus* (H. v. Meyer 1860, Taf. 9, Fig. 5) hervor, bei dem auch der Rumpf ausnahmsweise ganz auf der einen Seite liegt (Fig. 2). Bei dieser Art ist diese Konkavität an den Wirbelkörpern besonders stark ausgeprägt, was schon H. v. Meyer (1847[1]), p.18) auffiel. Die Exemplare von *Rhamphorhynchus* liegen sonst meist auf dem Rücken oder auf dem Bauch, ihr Schwanz dagegen liegt gewöhnlich ganz auf der Seite.

Die Wirbelkörper selbst sind seitlich komprimiert, die hintersten am stärksten, sodaß sie zuletzt ganz platt werden. Das zeigte sich sehr deutlich schon an dem zehnten Schwanzwirbel unseres Exemplars, von dem ein Querbruch kurz vor seinem vorderen Ende beobachtet werden konnte (Fig. 5). An dieser Stelle, wo die Verdickung der Gelenkenden der Wirbelkörper sich schon deutlich geltend macht, ist der Wirbel selbst etwa doppelt so hoch als breit. Der auf dem Querschnitt fast kreisförmige Neuralkanal ist erfüllt von einem drehrunden Strang aus kristallinischem Kalk, der stellenweise wie ein runder Glasstab in der aufgebrochenen Schwanzwirbelsäule sichtbar wird und selbst noch innerhalb des Schwanzsegels da und dort zum Vorschein kommt. Auf dem Querschnitt des Wirbels werden zu beiden Seiten des Neuralbogens kurze, seitlich schräg nach oben aufsteigende Fortsätze sichtbar, die die Querschnitte von Längsleisten an den Wirbeln darstellen, die im Inneren pneumatische Räume zeigen. An diesem Querbruch des zehnten Schwanzwirbels ist ventral vom Wirbelkörper noch eine etwas seitlich gedrückte Masse wahrzunehmen, die fast die Größe des Wirbelkörpers selbst erreicht und den von Kalkspatkristallen erfüllten ventralen Teil der Sehnenscheide darstellt. Die verknöcherten Sehnenfäden und -Bänder umhüllen den ganzen Wirbel noch von allen Seiten und sind durch den Gesteinsdruck nur etwas aus ihrer ursprünglichen Lage verschoben.

Die sonst flache Seitenfläche der Wirbel erscheint oft deutlich, manchmal sehr tief konkav infolge der dorsal gelegenen leistenartigen Erhebung, die jederseits längs des Neuralkanals verläuft und vor den verdickten Gelenkenden am stärksten wird. An einer Stelle schien es mir, als ob diese Seitenleiste nach vorn sich unmittelbar in ein dorsales Sehnenband fortsetzt.

---

[1]) H. v. Meyer 1847, *Homoeosaurus Maximiliani* und *Rhamphorhynchus longicaudus*. Frankfurt a. M.

Welche Bedeutung diese Feststellungen haben, wird weiter unten bei der Besprechung des Schwanzsegels noch näher zu erörtern sein.

In Zusammenhang mit diesen Beobachtungen suchte ich auch an den mir zugänglichen Exemplaren über die Zahl und vor allem über die Größenverhältnisse der Schwanzwirbel von *Rhamphorhynchus Gemmingi* eine sichere Unterlage zu erhalten. Am geeignetsten in dieser Beziehung erwies sich unter den Exemplaren der Münchener Sammlung ein sehr schönes, bereits von Wagner 1858 (l. c., p. 49, Taf. 5, Fig. 1) beschriebenes und abgebildetes Exemplar von *Rh. Gemmingi* (*longimanus* Wagner), dem nur das allerletzte Schwanzende fehlt. Es ist sonst ein Exemplar, bei dem der Schädel und die ganze Wirbelsäule sich in verhältnismäßig ausgezeichnetem Zustand und in fast tadellosem Zusammenhang findet. Dieses Exemplar wurde seiner vorzüglichen Erhaltung wegen von dem ursprünglichen Besitzer Häberlein als „non plus ultra" bezeichnet. Merkwürdigerweise fehlen ihm die Extremitäten vollständig. Ich gebe hier eine Zusammenstellung der Längenmaße sämtlicher vorhandener Wirbel dieses Exemplars:

Schädel	108 mm	
1.—8. Halswirbel .	6, 9, 9, 10.5, 10.5, 12, 13, 10 mm	
1.—2. Rückenwirbel	8, 7 mm	
3.—12. „ „	je 6.5 mm	
1.—2. Lendenwirbel	6.5, 5.5 mm	
1.—4. Sakralwirbel	5, 5.5, 5.5, 5, 5 mm	
1.—4. Schwanzwirbel	6, 6.5, 6.5, 6.5 mm	
5.—9. „ „	8.5, 9, 9, 9, 9.5 mm	
10.—14. „ „	12.5, 12.5, 12.5, 12.5, 13 mm	
15.—18. „ „	13.5, 13.5, 13.5, 14.5 mm	
19.—22. „ „	12, 12, 12, 11 mm	
23.—27. „ „	11, 10, 9.5, 8.5, 7.5 mm	
28.—32. „ „	6,5, 6, 5, 4, 4 mm; die letzten Wirbel fehlen.	

An dem von Wagner 1858, l. c., p. 62 beschriebenen Exemplar seines *Rh. longimanus* (Femur größer als 35 mm) fand ich folgende Werte:

1.—5.? Schwanzwirbel zusammen 35 mm (undeutlich)
6.—9.   „   „   12.5, 12.5, 14, 14.5 mm
10.—14.   „   „   15, 15, 15, 14.5, 14.5 mm
15.—18.   „   „   14.5, 14.5, 14, 14 mm
19.—22.   „   „   13.5, 13.5, 13, 12 mm
23.—31.   „   „   11, 8, 8, 7, 6, 6, 6, 3.5, 3.5 mm
32.—38.?   „   „   zusammen 19 mm (undeutlich).

Bei einem anderen, von Wagner 1858, l. c., p. 69, beschriebenen und von ihm als *Rh. curtimanus* bezeichneten Exemplar
(Humerus = 36 mm) erhielt ich folgende Werte:

8 präsakrale Wirbel . 38 mm
1.—4. Sakralwirbel   4, 4, 4, 4 mm
1.—4. Schwanzwirbel 6, 6.5, 6.5, 7.5 mm (unsicher)
5.—9. Schwanzwirbel 8, 10, 12, 12.5, 12.5 mm
10.—14.   „   „   13.5, 13.5, 14, 14, 13.5 mm
15.—18.   „   „   12.5, 12.5, 12.5, 12.5 mm
19.—24.   „   „   12, 12, 11, 10, 9.5, 9.5 mm
                        hier fehlen vielleicht drei Wirbel
28.—33.   „   „   6, 5.5, 5.5, 5.5, 4 mm
34.—40.   „   „   3.5, 3.5, 3, 2.5, 2.5, 2, 1.7 mm

An unserem hier beschriebenen Exemplar von *Rh. Gemmingi*
mit Schwanzsegel (Femur = 36 mm) ergaben sich folgende Werte:

1.—4. Sakralwirbel   4.3, 4.3, 4.3, 4.8 mm
1.—4. Schwanzwirbel 6, 6, 7, 7.5 mm
5.—9.   „   „   9, 11, 11, 13, 14.5 mm
                        hier fehlen vielleicht elf Wirbel
21.—24.   „   „   13, 12, 11, 11 mm
                        hier beginnt das Schwanzsegel
25.—33.   „   „   10, 8.5, 7.5, 6.5, 6.2, 5.8, 5,
                        4.5, 4 mm
34.—40.   „   „   4, 3.4, 3.2, 3.2, 3, 2.2, 1.8 mm.

An dem von Zittel 1882, l. c., p. 59 als *Rh. Gemmingi* beschriebenen und auf Taf. 12, Fig. 2 abgebildeten Exemplar (Fe-

mur = 35 mm), an dem sämtliche Wirbelgrenzen sehr deutlich sind, fand ich folgende Werte:

4 präsakrale Wirbel[1]		6, 5, 5, 5 mm
1.—4.	Sakralwirbel	4.5, 4.5, 4.5, 4.5 mm
1.—4.	Schwanzwirbel	5.5, 5.5, 7, 8 mm
5.—9.	„ „	8.5, 9.5, 10, 12, 12 mm
10.—14.	„ „	12, 12, 12.5, 12.5, 12.5 mm
15.—18.	„ „	12, 12, 12, 12 mm
19.—22.	„ „	11.5, 11, 11, 11 mm
		die weiteren Wirbel fehlen.

Die Länge der ersten Schwanzwirbel beträgt durchgehends etwa 5.5—6.5 mm. Die doppelte Länge von etwa 12 mm wird vom 8.—10. Wirbel an erreicht. Die größte Länge der Wirbel von 14 bis höchstens 15 mm findet sich zuerst zwischen dem 9. und 18. Wirbel. Doch ist die Erreichung dieser Maximalzahl sehr verschieden bei den einzelnen Exemplaren. Kleinere und jüngere Exemplare wie das von Zittel und das von Kremmling haben diese Maximallänge noch nicht erreicht. Vom 15.—19. Wirbel ab geht die Länge der Wirbel wieder zurück. Am 27.—28. Wirbel etwa ist die Länge wieder auf die der ersten Schwanzwirbel (6 mm) zurückgegangen und nimmt von da bis zum Schwanzende immer mehr ab. Die letzten Schwanzwirbel sind kürzer als 2 mm.

Ich vermute, daß beim Längenwachstum des Schwanzes es hauptsächlich die mittleren Schwanzwirbel sind, die sich daran beteiligen, indem eine immer größere Anzahl von ihnen die Maximallänge von 14—15 mm erreicht. Die vordersten und hintersten Wirbel scheinen weniger davon betroffen zu werden.

Bei keinem meiner Exemplare ist der Schwanz vollständig genug erhalten, daß die Zahl der Wirbel mit voller Sicherheit

---

[1] Hier zeigt auch der vorletzte präsakrale Wirbel eine Rippe, die in Zittel's Abbildung fehlt, sodaß dieses Exemplar von *Rhamphorhynchus* nur einen Lendenwirbel besitzt. Denn an diesem Exemplar läßt sich noch mit großer Deutlichkeit erkennen, daß von der Grenznaht zwischen dem 2. und 3. dieser Wirbel vor dem Kreuzbein auf der rechten Körperseite eine nicht sehr lange, aber wohlentwickelte Rippe ihren Ursprung nimmt. Es lassen sich hier auch sehr gut lange Rippen mit ihrem gezackten distalen Endteil und einige Reste von Bauchrippen unterscheiden.

festgestellt werden könnte. Doch dürften ca. 40 Schwanzwirbel
angenommen werden. Kremmling[1]) gibt bei seinem *Rh. Gemmingi* 41 an. Aber ich bin überzeugt, daß diese Zahl individuell
etwas schwankt und keineswegs ganz konstant ist. Abgesehen
davon glaube ich auch, daß die als *Rh. Gemmingi* bezeichneten Exemplare nicht alle dieser Art zugehören, daß sie aber bisher noch nicht
sicher spezifisch getrennt werden können. Manche Unstimmig-
keiten in den Angaben der verschiedenen Autoren, besonders bezüglich der Größenverhältnisse, dürften darin ihre Erklärung finden.
Immerhin scheint, wie aus Wiman's[2]) interessanten Kurven (1925,
p. 8) hervorgeht, die größere Anzahl der bekannten Exemplare trotz
ihrer verschiedenen Größe eine einzige Art zu bilden. Doch finden
sich tatsächlich auch Unterschiede in der Gestalt von einzelnen
Knochen. So machte v. Stromer[3]) 1913, p. 55 auf einen dreieckigen
spitzen Fortsatz am proximalen Humerusgelenk aufmerksam, der
am Zittel'schen Flügel sehr deutlich zu erkennen ist, der aber
an anderen Exemplaren von *Rh. Gemmingi* ganz fehlt, während
er bei *Rh. longicaudus* deutlich vorhanden ist.

Einstweilen dürfte es daher zwecklos sein, über die Bedeutung der verschiedenen Längenverhältnisse an den Schwanzwirbeln,
die ja z. T. sehr auffallend sind, Vermutungen zu äußern, ehe die
Artfrage nicht gelöst ist. Auf jeden Fall aber muß auch hier
mit größeren individuellen Schwankungen gerechnet werden, wie
das ja auch bei den Längenverhältnissen der Flugfingerphalangen
der Fall zu sein scheint.

Das Schwanzsegel.

Das Bruchstück Nr. 4 mit seiner Gegenplatte ist aus dem
Grund noch von ganz besonders großem Interesse, weil es in
tadellosem Zustande auch noch das Ende der Flughaut sowie das

---

[1]) W. Kremmling, 1912, Beitrag zur Kenntnis von *Ramphorhynchus
Gemmingi* H. v. Meyer. Abh. Kaiserl. Leop. Carol. D. Akad. d. Naturf.,
Bd. 96, Nr. 3.

[2]) C. Wiman, 1925, Über *Pterodactylus Westmani* und andere Flugsaurier. Bull. of. the Geol. Inst. of Upsala, Vol. 20.

[3]) E. Stromer, 1913, Rekonstruktionen des Flugsauriers *Ramphorhynchus Gemmingi* H. v. M. Neues Jahrb. f. Mineral., Geol. u. Pal., Jahrg. 1913,
Bd. 2.

vollständige Schwanzsegel zeigt. Die Gegenplatte enthält zwar nur
den Abdruck der Oberfläche beider Teile, aber vor allem das
Schwanzsegel ist darauf in ganz besonders schöner Ausbildung

Fig. 6. Schwanzsegel von *Rhamphorhynchus Gemmingi*, Münchener Exemplar.
Gegenplatte mit rekonstruierten Wirbeln und Apophysen. × 1.4.

erhalten. Die Hauptplatte zeigt aber nicht den Abdruck, sondern
die Substanz dieser Weichteile selbst sowohl bei der Flughaut wie
bei dem Schwanzsegel in Form einer Schicht von einer durch-
schnittlichen Dicke von 1 mm. Diese äußerst feinkörnige und sehr
harte besondere Kalkschicht liegt zwischen der Haupt- und Gegenplatte und ist auf der Hauptplatte haften geblieben. Sie

ist nur an der äußersten Flughautspitze und von etwa dem 4. Teil
des Schwanzsegels abgesprungen. Während aber auf der Gegenplatte ein vorzüglicher Abdruck der Oberfläche sowohl der Flughaut wie des Schwanzsegels sich findet, hat da, wo die Schicht
auf der Hauptplatte sich abgelöst hat, sich keine Spur eines solchen
Abdruckes von der anderen Seite des Segels erhalten. Während
die Oberfläche der vorhandenen Schicht auf der Hauptplatte wie
deren Abdruck auf der Gegenplatte sich durch ganz auffallende
Glätte auszeichnet, zeigt die Hauptplatte da, wo diese Schicht abgesprungen ist, die gleiche rauhe Beschaffenheit wie der übrige
von den Resten des Sauriers nicht in Anspruch genommene Teil
der Platte, sodaß kaum zu erkennen ist, daß auf dieser Stelle etwas
besonderes lag. Dieses verschiedene Verhalten von Platte und
Gegenplatte gegenüber den Weichteilen ist etwas sehr auffallendes.

Das Schwanzsegel (Tafel 2 und Fig. 6), das eine annähernd
rhombische Form mit ganz schwach konvexen Seiten und auf
beiden Seiten abgerundete Ecken zeigt, besitzt eine Länge von
80 mm und eine größte Breite von 46 mm. Die größte Breite befindet sich am Beginn des letzten Drittels der Länge. Durch die
ganz gerade Wirbelsäule wird das Schwanzsegel in zwei fast völlig
symmetrische Hälften geteilt.

Auf der einen Seite (Gegenplatte links) scheint das Schwanzsegel am vorderen Ende des 1. an ihm beteiligten Wirbels zu beginnen, auf der anderen Seite erst am Vorderende des 2. Wirbels.
Das Vorderende des ganzen Segels erscheint spitzwinklig, das
hintere Ende ungefähr rechtwinklig.

Die Zahl der am Schwanzsegel beteiligten Wirbel läßt sich
nach ihren vorhandenen Resten selbst nur schwer mit voller Sicherheit feststellen, aber leichter nach der Zahl ihrer das Segel
stützenden Fortsätze. Diese Fortsätze scheinen paarweise an jedem Wirbel aufzutreten, sind aber äußerst zart und nur stellenweise deutlich zu erkennen. Sie heben sich nur als schwache Eindrücke auf der Oberfläche des Segels ab. Sie sind offenbar nicht
verkalkt gewesen ganz im Gegensatz zu den Wirbelkörpern selbst
und den verknöcherten Sehnen, die die Wirbelsäule fast vollständig umgeben; diese waren kräftig verkalkt. Mit Sicherheit festzustellen sind danach 16 Wirbel innerhalb des Schwanzsegels. Doch
ist es nicht sicher, ob nicht hinter dem letzten Wirbel, der noch

deutlich zu erkennen ist, doch noch ein winziger Endwirbel in der Gesteinsmasse verborgen ist. Es ist daher auch nicht sicher, ob die Wirbelsäule noch etwas über das Ende des Segels sich fortsetzt; doch ist das unwahrscheinlich.

Die Länge des 1. am Schwanzsegel beteiligten Wirbels beträgt 10 mm. Diese Länge verringert sich allmählich nach hinten, sodaß der vorletzte erkennbare Wirbel nur noch 2.2 mm lang ist. Die Breite des von der Wirbelsäule im vordersten Teil des Segels eingenommenen Raumes beträgt 3.5 mm und verringert sich ebenfalls allmählich bis auf 2 mm am letzten Wirbel.

Über die Gestalt der Wirbelkörper des Schwanzsegels ließ sich nur mit Schwierigkeit etwas genaues feststellen. Sie sind z. T. weggebrochen, z. T. durch Kristallisation undeutlich geworden, z. T. sind ihre Formen verdeckt durch die stark verknöcherten Sehnen, die, wie in der ganzen Schwanzwirbelsäule, so auch in dem Teil, der das Schwanzsegel trägt, eine hervorragende Rolle spielen und die Wirbelkörper bis zum letzten wie eine Scheide umgeben. Es ist eine förmliche feste Röhre, in denen die eigentlichen Wirbelkörper liegen, die nur da, wo die Sehnenumhüllung verletzt ist, teilweise zur Beobachtung kommen können. Nur der 1. Wirbelkörper des Schwanzsegels ist seiner ganzen Länge nach deutlich zu erkennen, sodaß sich sein Vorder- und Hinterende sicher feststellen läßt. Sonst lassen sich nur an einigen Stellen die Grenzen zwischen zwei aufeinander folgenden Wirbelkörpern mit voller Sicherheit erkennen. So viel steht aber fest, daß die Wirbelkörper verhältnismäßig schlank sind, ihr Vorder- und Hinterende aber ziemlich stark verbreitert ist. Sie füllen den nur scheinbar von der Wirbelsäule selbst eingenommenen Kanal innerhalb des Segels kaum zur Hälfte aus. Seine Grenze wird vielmehr durch die verknöcherten Sehnen bestimmt, die die Wirbelkörper umgeben. In diesem Kanal liegen die Wirbelkörper selbst fast ganz auf die rechte Seite (Gegenplatte) beschränkt. Auf keinen Fall liegen sie symmetrisch in der Mitte des Kanals, und ihre auf der Gegenplatte nach links gerichtete Seite ist stärker konkav als die andere.

Während die Wirbelkörper und die sie begleitenden Sehnen kräftig verkalkt waren, sind die von ihnen ausgehenden stabförmigen Fortsätze offenbar völlig unverkalkt. Marsh 1882, l. c., p. 253 bezeichnet sie als „knorpelig und biegsam, aber kräftig genug gebaut, um die Membran des Segels aufrecht zu erhalten". An unserem Exemplar sind sie nur durch zarte Wülste und Furchen auf der sonst fast ganz ebenen und glatten Oberfläche des Segels angedeutet, und ihre Substanz ist kaum durch die Färbung von ihrer Umgebung unterschieden. Trotzdem bin ich überzeugt, daß es sich nicht nur um oberflächliche Hautversteifungen, sondern tatsächlich um rückgebildete, nicht mehr verkalkte Apophysen der Wirbel handelt.

Die genaue Ansatzstelle der Fortsätze an den Wirbelkörpern ist bei unserem Exemplar nirgends mit voller Sicherheit festzustellen. Sie findet sich auf der linken Seite (Gegenplatte) etwa an der Grenze von je zwei aufeinanderfolgenden Wirbeln. Ob sie aber an dem vorderen oder an dem hinteren Wirbel befestigt sind, ist ganz zweifelhaft. Auf der rechten Seite treffen sie mehr auf die Mitte der Wirbel, rücken aber auf der hinteren Hälfte des Segels immer näher an das Vorderende der Wirbel, sodaß sie zuletzt denen der anderen Seite fast genau gegenüber stehen.

Diese beiden an jedem Wirbel auftretenden Fortsätze erstrekken sich vom Wirbelkörper bis zum äußersten Rand der Segelhaut, als deren Stützen sie dienen. Es sind schlanke Spangen, auf beiden Seiten der Wirbelsäule ganz ähnlich entwickelt, die vorderen anscheinend der Länge nach schwach gefurcht, wenigstens in ihrer proximalen Hälfte (vielleicht nur die der rechten Seite). Die hinteren sind fast gerade und stehen fast senkrecht zur Wirbelsäule. Je weiter nach vorn, um so spitzer wird der Winkel, den sie mit der Wirbelsäule bilden. Der vorderste, der links deutlich zu erkennen ist, verläuft in gerader Richtung nach vorn vom Rande des Segels aus unter spitzem Winkel bis zur Grenze zwischen 2. und 3. Wirbel. Die folgenden sieben Fortsätze jederseits bilden etwas geschwungene Stäbe, die in ihrem proximalen Teil eine nach vorn gerichtete, nahe dem Außenrande aber eine nach hinten gerichtete schwache Konkavität zeigen, die etwa beim 7. Wirbel am stärksten auftritt.

Im vorderen Teil des Segels sind der verschiedenen Länge der Wirbel entsprechend die Fortsätze viel weiter voneinander entfernt als im hinteren Teil, wo sie nahe aneinander gerückt sind. Man bemerkt auf der photographischen Aufnahme des Segels zu beiden Seiten der Wirbelsäule eine breite etwas hellere Zone, unter der der proximale Teil der Fortsätze meist ganz verschwindet. Vermutlich entspricht diese Zone einer fast selbstverständlichen Verdickung der Segelmembran längs der Wirbelsäule, wodurch es sich auch erklärt, daß hier die zarten Fortsätze undeutlich werden.

Vergleich mit dem Yale-Exemplar.

Durch die Liebenswürdigkeit von Herrn Professor Lull in New-Haven, Conn. kam ich in den Besitz einiger sehr guter Photographien des einzigen bisher genauer abgebildeten Schwanzsegels eines *Rhamphorhynchus*, das zu dem von Marsh beschriebenen, im Peabody-Museum der Yale-University (Nr. 1778) befindlichen Exemplar von *Rh. phyllurus* Marsh gehört. Für die Herstellung und Zusendung bin ich Herrn Prof. Lull und Herrn G. G. Simpson zu großem Dank verpflichtet. Es ist mir dadurch ein Vergleich des Schwanzsegels der beiden Exemplare ermöglicht.

Dabei erhält man zunächst den Eindruck, daß trotz vielfacher Übereinstimmung immerhin nicht unbeträchtliche Unterschiede zwischen beiden vorhanden sind. Zunächst ist das Yale-Exemplar beträchtlich kleiner. Und was die allgemeine Gestalt und die Umrisse anbelangt, so erscheint das Schwanzsegel bei dem Yale-Exemplar schlanker als bei unserem Münchner Exemplar. Es ist ziemlich genau doppelt so lang als breit, 58:28 mm, während es bei dem M. Ex. nicht unbedeutend breiter ist, 80:46 mm. Während ferner die Seiten des rhombischen Segels bei dem M. Ex. schwach konvex sind, sind sie bei dem Y. Ex. eher etwas konkav. Dazu kommt, daß das hintere Ende, das bei dem M. Ex. mindestens einen rechten Winkel bildet, beim Y. Ex. einen spitzen Winkel darstellt. Die größte Breite des Segels entspricht bei dem Y. Ex. rechts dem 7., links dem 8. Fortsatz, bei dem M. Ex. rechts dem 8., links dem 9. Fortsatz.

Dabei ist es auffallend, daß das Schwanzsegel beim M. Ex. fast ganz symmetrisch erscheint und die Hälften zu beiden Seiten der Wirbelsäule fast genau gleich breit sind. Dagegen ist die rechte Hälfte bei dem Y. Ex. wesentlich schmäler als die linke, sodaß es dadurch auffallend unsymmetrisch wird. Würde bei dem Y. Ex. die rechte Hälfte ebenso breit sein wie die linke, dann würde auch das Verhältnis der Länge zur Breite dem des M. Ex.

fast entsprechen und ferner das hintere Ende einen ungefähr
rechten Winkel bilden wie bei dem M. Ex. Das erweckt den
Verdacht, daß die überraschend scharfen Umrisse, die das Schwanzsegel des Y. Ex. auf
den   Photographien
zeigt, vielleicht doch
nicht ganz natürlich,
sondern künstlich her-
vorgehoben sind. Eine
genauere Untersuchung

Fig. 7   Fig. 8

Fig. 7. Schwanzsegel von *Rhamphorhynchus phyllurus* Marsh, Yale-Exemplar. Nach einer Photographie. $\times$ 2.
Fig. 8. Schwanzsegel von *Rhamphorhynchus phyllurus* Marsh. Nach Marsh's Abbildung. Nat. Gr.

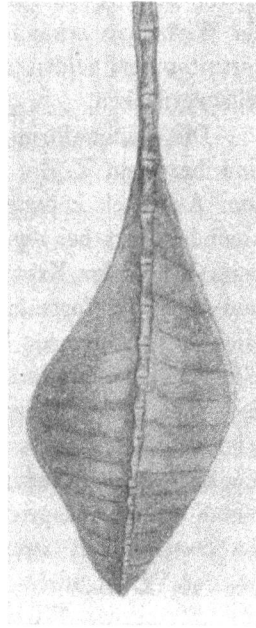

des Originals müßte darüber Aufschluß geben, ob diese Unterschiede von dem M. Ex. in Wirklichkeit bestehen. Vielleicht aber
erklären sich die Unterschiede daraus, daß bei dem M. Ex. alle
Teile des Segels völlig in der gleichen Ebene liegen, was bei dem
Y. Ex. jedenfalls nicht der Fall ist, ein Umstand, der auch nach

Mitteilung von Herrn Simpson bei Herstellung der Photographien erhebliche Schwierigkeiten machte. Der rechte Rand des Y. Ex. ist vielleicht umgebogen und erscheint daher auf der Photographie verkürzt.

Die Wirbelsäule innerhalb des Schwanzsegels scheint bei dem Y. Ex. durchaus dem zu entsprechen, was sich bei dem Münchner Exemplar feststellen ließ. Vor allem scheint die Zahl der Wirbel (16) und deren Längenverhältnisse durchaus die gleiche zu sein bei beiden Exemplaren. Streckenweise sind bei dem Y. Ex. die einzelnen Wirbel viel deutlicher zu unterscheiden als bei dem M. Ex. Sehr schön sind bei dem Y. Ex. die verknöcherten Sehnen der Wirbel zu erkennen, die bei dem M. Ex. weniger scharf hervortreten, bei beiden aber die eigentlichen Wirbelkörper größtenteils verdecken.

Die spangenförmigen Fortsätze, die das Schwanzsegel stützen, sind bei dem Y. Ex., soweit sie auf der Photographie deutlich zum Ausdruck kommen, sehr ähnlich dem M. Ex. Das zeigt sich besonders gut bei dem ersten der Fortsätze, die auf der rechten Seite bei beiden Exemplaren in voller Deutlichkeit erhalten sind, und die den Fortsätzen des 4. Schwanzsegelwirbels entsprechen. Hier ist vollkommene Übereinstimmung vorhanden. Auch die Fortsätze an der breitesten Stelle des Segels sind auf der rechten Seite bei beiden Exemplaren gleich deutlich und völlig übereinstimmend, nur fehlt bei dem Y. Ex. die nach hinten gerichtete Konkavität des äußersten Randteiles dieser Fortsätze, was für meine Annahme spricht, daß auf der Photographie der Randteil des Segels nicht zum Ausdruck gekommen ist. Leider ist auch bei dem Y. Ex. nicht mit voller Sicherheit zu erkennen, von welcher Stelle der Wirbelkörper die Fortsätze ausgehen. Im allgemeinen sind die Fortsätze bei dem Y. Ex. dünner, mehr gerade und weniger geschwungen als bei dem M. Ex. Am hintersten Ende des Schwanzsegels erhält man bei dem Y. Ex. den Eindruck, daß die Fortsätze nicht senkrecht zur Wirbelsäule stehen wie bei dem M. Ex., sondern etwas nach vorn gerichtet sind. Endlich sieht es so aus, als ob die Fortsätze der rechten Seite in ihrer proximalen Hälfte gegabelt sind bei dem Y. Ex., während sie hier bei dem M. E. nur gefurcht erscheinen. Sowohl Neurapophysen wie Hämapophysen können ja an ihrer Basis gegabelt sein.

Stellung des Schwanzsegels.

Nun aber erhebt sich die Frage, ob diese beiden Exemplare von *Rhamphorhynchus* mit wohlerhaltenem Schwanzsegel es gestatten zu entscheiden, ob das Schwanzsegel ein vertikales oder ein horizontales gewesen ist, d. h., ob die spangenförmigen Fortsätze, die das Segel stützen, als Neurapophysen und Haemapophysen (bzw. Hypapophysen) anzusehen sind, oder ob es Pleurapophysen, also seitliche Fortsätze irgend einer Art sind.

Die Hoffnung, das an dem vorliegenden, noch nicht beschriebenen Münchner Exemplar von *Rhamphorhynchus* vielleicht sicher feststellen zu können, war für mich ja die eigentliche Veranlassung, dies interessante Stück zur genaueren Untersuchung vorzunehmen. Bekanntlich hat Marsh, der das Schwanzsegel von *Rhamphorhynchus* zum erstenmal beschrieb, es als vertikal stehendes Steuer betrachtet, eine Ansicht, die heute noch vielfach geteilt wird und neuerdings von Reck[1]) wieder bestätigt wird. Marsh stützte diese seine Ansicht auf seine Beobachtung, daß die Fortsätze auf der einen Seite von der Mitte der Wirbel ausgehen und daher offenbar als Neurapophysen zu betrachten sind, während die Fortsätze der anderen Seite nahe der Grenze zwischen je zwei Wirbeln entspringen und daher Haemapophysen sind (chevron bones). Auch Herr Simpson, der die Photographien anfertigte, bekennt sich aufs entschiedenste zu dieser Ansicht. Von anderer Seite wird jedoch theoretisch geltend gemacht, daß dies Schwanzsegel nur ein Höhensteuer sein kann und deshalb eine horizontale Stellung haben mußte. Auf Grund dieser Anschauung konstruierte v. Stromer[2]) u. [3]) sein bewundernswertes Modell eines *Rhamphorhynchus* mit horizontalem Steuer. Wirklich einwandfreie Beweise für oder gegen die eine oder andere Meinung sind aber bisher noch nicht gebracht worden.

Fliegende Tiere brauchen eine Steuereinrichtung sowohl für Auf- und Abwärtsbewegung wie für Rechts- und Linksbewegung,

---

[1]) H. Reck, 1926, Diskussion bei der Versammlung der Palaeont. Gesellsch. in Wien 1923. Palaeont. Zeitschr., Vol. 7. p. 21.

[2]) E. Stromer, Bemerkungen zur Rekonstruktion eines Flugsaurier-Skelettes, Monatsber. D. geol. Ges. Bd. 62, Jahrg. 1910, p. 85—91, Taf.

[3]) E. Stromer, Rekonstruktion des Flugsauriers *Rhamphorhynchus Gemmingi* H. v. M. N. Jahrb. f. Min., Geol. u Pal., Jahrg. 1913, Bd. 2, p. 49—68, Taf. 3—5.

ein Höhensteuer so nötig wie ein Seitensteuer. Nachdem *Rham-phorhynchus* am Ende seines sehr langen, durch verknöcherte Sehnen versteiften Schwanzes ein Steuer besitzt, war das jeden-falls sowohl als Höhen- wie als Seitensteuer zu benutzen. Zwischen diesem Endsteuer und dem Rumpf befand sich ein langer Schwanz-teil, der aus etwa 24 Wirbeln bestand. Von diesen sind die ersten 5—6 von kräftigen Muskeln umgeben und besitzen wie die ent-sprechenden ersten 4—6 Schwanzwirbel der Vögel eine nicht un-beträchtliche Beweglichkeit gegen einander. Auch die folgenden ca. 18 Schwanzwirbel, obwohl von einer förmlichen Scheide ver-knöcherter Sehnen umgeben und dadurch versteift, sind nicht mit einander verwachsen und behalten immerhin noch eine gewisse Beweglichkeit. Befindet sich nun das Steuer am Schwanzende in vertikaler Stellung, so genügt eine Drehung von 90°, um es in horizontale Lage zu bringen und ebenso umgekehrt. Diese Leistung verteilt sich auf etwa 24 Wirbel. Besaß nun *Rhamphorhynchus* ein vertikales Seitensteuer, so wird er es mit Sicherheit auch als Höhensteuer benutzt haben. Besaß er aber ein horizontales Höhen-steuer, so wird es von ihm auch als Seitensteuer gebraucht worden sein, wie das beim horizontalen Schwanzsteuer der Vögel auch geschieht, die dazu nur 4—6 bewegliche Schwanzwirbel benützen. Die Steuerung geschieht ja ohnedies bei beiden in erheblichem Maße mit den Flügeln.

Die Frage nach der Stellung des Schwanzsegels muß demnach lauten: Besaß *Rhamphorhynchus* in seinem Schwanzsegel ein ver-tikales Seitensteuer, das auch als horizontales Höhensteuer zu benutzen war, oder war es ein horizontales Höhensteuer, das er auch als vertikales Seitensteuer benutzen konnte?

Abplattung des Schwanzes bei Wirbeltieren.

Aus dem Vergleich mit anderen Wirbeltieren läßt sich diese Frage, selbst nur mit einiger Wahrscheinlichkeit, zunächst nicht be-antworten. Doch ist es immerhin von Interesse, die entsprechenden Fälle, wenn auch nur in aller Kürze, zu überblicken. Es sind bei den Wirbeltieren die beiden Möglichkeiten einer Abplattung des Schwanzes zu beobachten, die aber nur in extremen Fällen zu einer stärkeren Verbreiterung des Schwanzendes und zur Aus-

bildung einer endständigen Schwanzflosse geführt haben. Eine
Abplattung des Schwanzes, die ausschließlich oder hauptsächlich
nur das Schwanzende betrifft und damit dem Schwanz den Cha-
rakter eines Steuerorgans verleiht, läßt sich in allen Klassen der
Wirbeltiere beobachten. Sie ist aber, wenn wir von den Schuppen-
tieren, den Manidae absehen, ganz auf schwimmende, kletternde
(zugleich Springer) und fliegende Formen beschränkt. Die Abplattung ist bald in vertikalem, bald in horizontalem Sinn eingetreten. Hauptsächlich sind es Hautfalten und Hautbildungen
(Haare und Federn), die die Abplattung hervorbringen; die Wirbelsäule nimmt vielfach gar nicht daran Teil.

Wenn eine Abplattung des Schwanzendes eintritt, so erfolgt
sie bei den wasserlebenden Fischen, Amphibien und Reptilien ausschließlich in vertikalem Sinn. Bei Vögeln ist
sie stets horizontal. Von wasserlebenden Säugetieren besitzen
Ornithorhynchus, *Castor*, die *Cetaceen* und *Sirenen* horizontal abgeplattete, dagegen die *Insectivoren Potamogale*, *Limnogale*, *Neomys*,
Myogale, ferner *Fiber* vertikal abgeplattete Schwänze. Bei den
meisten wasserlebenden Säugetieren dienen aber die abgeplatteten
Schwänze wesentlich der Lokomotion als Propeller und keineswegs in erster Linie zur Steuerung.

Bei Landwirbeltieren sind dagegen abgeplattete
Schwänze stets horizontal, so bei den *Geckonidae* (vergl.
Wiman[1]), p. 27), *Muscardinus*, *Sciuropterus*, *Ptilocercus*, *Acrobates*,
dienen aber bei den kletternden Formen wohl hauptsächlich zur
Verbreiterung der Gleitfläche beim Springen und Fallen, nur
nebensächlich zur Steuerung. Allein bei den fliegenden Vögeln
ist der horizontal abgeplattete Schwanz in erster Linie ein
Steuerorgan. Es gibt zwar Landwirbeltiere mit vertikal abgeplat-
tetem Schwanz wie *Lophura amboinensis*, *Chamaeleo montium* und
cristatus, doch ist das nur die Fortsetzung eines vertikal ausge-
bildeten Rückenkammes, der auf den proximalen Teil des Schwanzes
übergreift, während das Schwanzende nicht abgeplattet ist. Bei
allen anderen ist es aber gerade das Schwanzende, das die Abplattung am ausgesprochensten zeigt.

----

[1] C. Wiman, Über *Dorygnathus* und andere Flugsaurier. Bull. of the
Geol. Instit. of Upsala, Vol. 19, p. 23—54, Taf. 1—2.

Nur bei wenigen ganz bestimmten Tiergruppen ist das Schwanzende nicht nur abgeplattet, sondern zeigt eine auffallende Verbreiterung in Form einer Schwanzflosse. Das kommt aber sonst nur bei ausgesprochenen Wassertieren vor, den Fischen, Ichthyosauriern, Cetaceen und Sirenen. Als einziges „Landtier" besaß nun auch *Rhamphorhynchus* diese Verbreiterung des Schwanzendes als Schwanzsegel!

Es ist sehr bemerkenswert, daß nur schwimmende Wirbeltiere es sind, bei denen die Wirbelkörper und ihre Apophysen von der Abplattung des Schwanzendes stärker beeinflußt werden, indem sie in gleichem Sinn abgeplattet sind, während ihre Apophysen sich entsprechend verlängern. Das ist in ganz besonderem Maße bei den Fischen der Fall, bei denen das Ende der Wirbelsäule, bzw. ihre Apophysen in so innige Verbindung mit den Hautgebilden der Schwanzflosse treten, daß deren starre Teile, die als Flossenträger dienen und die Schwanzflosse bis zu ihrem äußersten Rand durchziehen, Anhänge der Wirbelsäule selbst wenigstens zu sein scheinen.

Solch innigen Anteil an der Bildung des abgeplatteten Schwanzendes nimmt die Wirbelsäule bei keinem luftatmenden Wirbeltier mehr. Im Gegenteil gerade bei den mit stark verbreiterter endständiger Schwanzflosse versehenen I c h t h y o s a u - r i e r n, C e t a c e e n und S i r e n e n nehmen die Wirbelkörper am Schwanzende nur in ganz unbedeutendem Maße an der Abplattung teil, ihre Apophysen aber überhaupt nicht und zeigen auffallender Weise auch keine Spur einer Verlängerung. Wo aber bei Wassertieren eine stark verbreiterte Endflosse nicht zur Ausbildung kommt, zeigen die Wirbelkörper am abgeplatteten Schwanzende eine gleichsinnige Abplattung und die Apophysen eine mehr oder weniger große Verlängerung. Doch geht diese nirgends so weit, daß die Apophysen auch nur annähernd die Ränder des abgeplatteten Schwanzteiles erreichen (U r o d e l i, M o s a s a u r i a, *Hydrophidae*, C r o c o d i l i a, *Ornithorhynchus*, *Potamogale*, *Limnogale*, *Myogale*, *Fiber*, *Castor*.) Bei der Ausbildung der horizontal abgeplatteten Schwänze von Landwirbeltieren spielen Apophysen der Schwanzwirbel überhaupt keine Rolle.

Nun sind aber bei *Rhamphorhynchus* gerade die Apophysen der Wirbel außerordentlich verlängert im Bereich des Schwanz-

segels, da sie bis zu dessen äußerstem Rand sichtbar sind, wenn
sie auch von großer Zartheit und in offenbar unverkalktem und
rückgebildetem Zustand sind. Diese Entwicklung von langen
Apophysen im stark verbreiterten Schwanzende, überhaupt die
Entwicklung eines von Skeletteilen gestützten Schwanzsegels bei
einem Landtier ist aber etwas geradezu unerhörtes, sodaß man
ernstlich fragen kann: Ist *Rhamphorhynchus* wirklich als ein
Landbewohner anzusehen und nicht vielmehr in hervorragendem
Maße als ein Wasserbewohner? Ist sein Schwanzsegel nicht ein
Steuer, das mehr beim Schwimmen im Wasser als beim Fliegen
in der Luft nötig ist? Sein Gebiß, die Längenverhältnisse seiner
hinteren Extremitäten und Stellung seiner Metatarsalia (Döderlein[1])
1923, p. 148), der Nachweis von Schwimmhäuten daran (Broili[2])
1927 trotz der Ablehnung von Schwimmhäuten durch Wiman[3])
1928, p. 365) sprechen auch für ein Tier, das sich hauptsächlich
im Wasser aufhielt und hier den langen steifen Schwanz mit dem
Steuerapparat am Ende zu benutzen in der Lage war. Im Wasser
aber ist eine vertikale Schwanzflosse ebenso vorteilhaft zu ge-
brauchen wie eine horizontale. Die Cetaceen sind sicher ebenso
gute Schwimmer und Taucher mit ihrer horizontalen Schwanzflosse, wie es die Fische und Ichthyosaurier mit ihrer vertikalen
Schwanzflosse sind und waren.

Auf jeden Fall stellt das Schwanzsegel des *Rhamphorhynchus*
ein unter Landwirbeltieren einzig dastehendes Organ vor, zu
dessen Deutung und Homologisierung die übrigen uns bekannten
Wirbeltiere keinerlei zuverlässige Fingerzeige geben.

Aus der vermuteten Funktion des Schwanzsegels von *Rhamphorhynchus* läßt sich ebensowenig wie aus dem Vergleich mit
anderen Wirbeltieren etwas entnehmen, was entscheidend für die
Annahme einer vertikalen oder einer horizontalen Stellung des

---

[1]) L. Döderlein, *Anurognathus Ammoni*, ein neuer Flugsaurier. Sitzber.
d. Bayer. Ak. d. Wiss. Jahrg. 1923, p. 117—164.

[2]) F. Broili, Ein Exemplar von *Rhamphorhynchus* mit Resten von
Schwimmhäuten. Sitzber. d. Bayer. Ak. d. Wiss., Jahrg. 1927, p. 29—48, Taf.
1—3, 7, Fig. 2.

[3]) C. Wiman, Einige Beobachtungen an Flugsauriern. Palaeobiologica.
Bd. 1, p. 363—370.

Schwanzsegels spricht. Aufschluß darüber kann nur die genaue Untersuchung des Schwanzsegels selbst bringen.

Der Zustand, in dem bei dem Münchner Exemplar das Schwanzsegel vorliegt, ist nicht derartig, daß die Art der Verbindung der Apophysen mit den Wirbelkörpern auch nur mit einiger Sicherheit festgestellt werden könnte. Man kann eben nur an einigen Wirbeln ohne jeden Zweifel beurteilen, an welcher Stelle auf der einen oder anderen Seite eine Apophyse den Wirbelkörper trifft. Mehr ist auch an den Photographien des Yale-Exemplars, die mir zur Verfügung stehen, nicht zu ersehen.

Symmetrie des Schwanzsegels.

Eine Lösung der Frage wäre zu erwarten, wenn sich mit Sicherheit beantworten läßt, ob eine vollständige Symmetrie zwischen den beiden Hälften des Schwanzsegels in allen seinen Teilen vorliegt oder nicht. Im ersteren Fall dürfte es sich sehr wahrscheinlich um ein horizontales Schwanzsegel handeln. Sind aber die beiden Hälften zweifellos nicht symmetrisch, dann ist es sehr wahrscheinlich ein vertikales Segel. Zu dieser Frage läßt sich folgendes feststellen:

1. Bei dem Yale-Exemplar sind die beiden Hälften des Schwanzsegels sehr verschieden an Breite. Wie ich aber oben schon ausgeführt habe, sind vielleicht die Umrisse der schmäleren Hälfte des Schwanzsegels nicht ganz natürliche. Bei dem Münchener Exemplar sind beide Hälften gleich breit, und ich glaube annehmen zu dürfen, daß die hier erkennbaren Umrisse ziemlich genau den natürlichen entsprechen. Auch liegt das ganze Segel selbst so tadellos in einer Ebene ausgebreitet, daß zu vermuten ist, daß bei diesem Exemplar eine Verschiebung der einzelnen Teile gegen einander nicht stattgefunden hat.

Doch fand ich die breiteste Stelle bei dem Münchner Exemplar auf der rechten Seite des Segels da, wo die Apophyse des 8. Segelwirbels den Rand erreicht, während sie auf der linken Seite am Ende der 9. Apophyse zu liegen scheint. Diese Assymmetrie erscheint ja sehr belanglos. Sie erhält aber doch eine gewisse Bedeutung dadurch, daß auch das Yale-Exemplar einen ähnlichen Unterschied und zwar in noch ausgesprochenerem Maße aufweist.

2. Bei unserem Münchner Exemplar ist es ferner sehr auffallend, daß auf der linken Seite, wie es die Abbildung (Fig. 6)
sehr deutlich zeigt, das Schwanzsegel beträchtlich weiter vorn
beginnt als auf der rechten Seite. Die Stelle, wo das Segel
beginnt, ist auf keiner der beiden Seiten mit voller Sicherheit
zu erkennen. Man kann eben nur aus der Fortsetzung der Um-
rißlinien schließen, daß es links am proximalen Ende eines verlängerten Wirbels sich ansetzt, rechts nicht vor dem distalen
Ende desselben Wirbels. Doch ist es nicht völlig auszuschließen,
daß auf der rechten Seite der Anfang des Segels nicht vollständig
aus dem Gestein ausgearbeitet ist. An dem Yale-Exemplar ist
eine solche Ungleichheit am Beginn des Segels nicht zu beobachten.

3. Sodann ist es an dem Münchner Exemplar ganz zweifellos, daß die Stellen, an denen beiderseits die Apophysen mit
einem Wirbelkörper zusammentreffen, einander nicht genau entsprechen (Fig. 6). Die der linken Seite (Gegenplatte) befinden
sich vor der Ansatzstelle der rechten Seite. Das ist sehr auffallend
in der vorderen Hälfte des Segels, wo die Apophyse der rechten
Seite mehr auf die Mitte eines Wirbelkörpers trifft, die der linken
Seite etwa auf die Grenze zwischen zwei Wirbelkörpern. Marsh
l. c. p. 253 hat schon gerade auf diesen Punkt aufmerksam gemacht, und seine Ansicht, daß es sich um ein Vertikalsegel handelt, stützt sich wesentlich auf diese Beobachtung. Seine Abbildung des Schwanzsegels in seinem Text, p. 253, und auf seiner
Tafel stimmen in dieser Beziehung fast genau mit dem überein,
was ich selbst an dem Münchner Exemplar sicher feststellen
konnte, aber nur, soweit es die vordere Hälfte des Schwanzsegels
betrifft (Fig. 8). In der hinteren Hälfte ist dieser Unterschied
viel geringer ausgeprägt, und im letzten Drittel des Schwanzsegels zeigt unser Münchner Exemplar auf beiden Seiten der
Wirbelsäule fast genau den gleichen Zustand, indem die Ansatzstelle der beiderseitigen Apophysen einander fast gegenüber liegt.
Auf den Marsh'schen Abbildungen aber ist der gleiche Unterschied bis zum Ende des Schwanzsegels zu sehen. Um so mehr
überraschte es mich, daß ich auf den sehr guten Photographien
des Yale-Exemplars (Fig. 7) diesen Unterschied in der Ansatzstelle der Apophysen auch in der vorderen Hälfte des Segels
sogar weniger ausgeprägt fand als bei dem Münchner Exemplar.

Er ist zwar zweifellos auch durchaus deutlich vorhanden; die Ansatzstelle der rechtsseitigen Apophyse scheint aber nicht weit hinter dem Vorderende der Wirbelkörper zu liegen, jedenfalls vor ihrer Mitte, wo nach der Angabe von Marsh und nach seinen Abbildungen die Ansatzstelle sich doch befinden soll. Ein Blick auf die beistehende Textfigur wird das bestätigen. Aber im hintersten Teil des Segels liegen die Ansatzstellen der Apophysen bei dem Yale-Exemplar einander fast gegenüber wie bei dem Münchner Exemplar.

Diese Feststellungen am Schwanzsegel selbst scheinen ja zweifellos für die Annahme einer vertikalen Stellung zu sprechen, aber für wirklich beweiskräftig kann ich sie nicht halten. Es ist doch immerhin möglich, daß es sich bei den beobachteten Assymmetrieen um Deformationen handelt, die erst nach dem Tode während des Fossilisationsprozesses und durch den Gesteinsdruck oder durch ungenügende Präparation eingetreten sind.

Lage der Schwanzwirbel auf der Platte.

Um die Frage wirklich befriedigend zu lösen, blieb schließlich nichts anderes übrig, als zu versuchen, ob es möglich ist, die Lage der Schwanzwirbel innerhalb des Schwanzsegels festzustellen, obwohl mich die verschiedentlich schon hervorgehobenen Schwierigkeiten dieses Unterfangens zuerst davon abgeschreckt hatten. Denn der Zustand der Wirbelsäule innerhalb des Schwanzsegels bei unserem Münchner Exemplar ließ dies Vornehmen als fast aussichtslos erscheinen. Erst als ich durch die Untersuchungen an den Schwanzwirbeln anderer Exemplare von *Rhamphorhynchus* in der Münchner Sammlung mir genügenden Einblick in die Einzelheiten des ganzen Baues des Schwanzes bei diesen merkwürdigen Reptilien verschafft hatte (vgl. o. S. 12), hatte ich die nötigen Unterlagen gefunden, die mir erlaubten, zu sicheren Schlüssen zu kommen. Das Yale-Exemplar kommt dabei nicht in Betracht, da die Umrisse seiner Wirbel auf der Photographie nicht erkennbar sind.

Ich kam bald zu der Überzeugung, daß es zur Beurteilung der Stellung des Schwanzsegels von *Rhamphorhynchus* gar nicht notwendig ist, die Wirbelsäule eines Exemplars zu untersuchen, bei dem das Schwanzsegel selbst noch deutlich sichtbar vorhanden ist, was meines Wissens bisher nur von vier Exemplaren (New Haven, Washington, München, Greifswald) bekannt geworden ist. Die Beobachtung, wie leicht jede. Spur des Vorhandenseins eines Schwanzsegels verloren geht, wenn die Kalkschicht, die die Substanz des Schwanzsegels darstellt, abbröckelt, konnte ich ja an der Hauptplatte unseres Exemplars machen. Es muß angenommen werden, daß überall, wo der Schwanz in ungestörtem Zusammenhang auf einer Platte vorhanden ist, er noch die Lage einnimmt, die ihm durch das Vorhandensein des Schwanzsegels aufgezwungen ist, also eine seitliche, wenn das Schwanzsegel wirklich vertikal war.

Da war es mir nun sehr interessant, die Beobachtung machen zu können, daß alle Exemplare von *Rhamphorhynchus*, bei denen der lange Schwanz noch in natürlichem Zusammenhang erhalten ist, deutlich eine seitliche Lage der Schwanzwirbelsäule auf der Gesteinsplatte erkennen lassen, sofern sie sich überhaupt zu einer solchen Beobachtung eignen. Das war auffallenderweise auch der Fall bei solchen Exemplaren, bei denen der Rumpf auf dem Bauch oder dem Rücken liegt und so mit dem Schwanz noch in Verbindung steht, was ja gerade bei *Rhamphorhynchus* das gewöhnliche Vorkommen ist.

Die seitliche Lage des Schwanzes ist eben eine fast notwendige Folge des Vorhandenseins eines vertikalen Schwanzsegels, das sich nach dem Tode des Tieres mit einer Seitenfläche auf den Boden legen mußte, gleichgültig wie die Lage des Rumpfes war. Bei unserem Exemplar, dessen Kreuzbeingegend noch eine ausgesprochen horizontale Lage einnahm mit dem Rücken nach oben, lag der Schwanz mindestens vom 9. Schwanzwirbel an in fast vollkommen seitlicher Lage. Die Drehung um etwa 90°, die dazu nötig war, muß innerhalb der dazwischenliegenden neun Wirbelgelenke stattgefunden haben. Die gleiche Beobachtung machte schon Kremmling (l. c., p. 355) an seinem Exemplar von *Rh. Gemmingi*, der „die Torsion in der Gegend des 10. Wirbels" beobachtete, „sodaß von hier ab die Wirbel von der linken Seite entblößt sind, während der erste Teil des Schwanzes die Unterseite darbietet". Das zeigt sich auch an anderen Exemplaren, die ich daraufhin untersuchte, auch bei Exemplaren des kleinen *Rh. longicaudus*. Die ungefähren Umrisse des Schwanzsegels dieser

Art lassen sich übrigens noch ganz deutlich erkennen an dem von Zittel 1882, l. c., p. 54 beschriebenen und auf Taf. 11 abgebildeten Exemplar der Münchner Sammlung (Fig. 9).

Eine dorsale oder ventrale Ansicht bot mir eine Schwanzwirbelsäule von *Rhamphorhynchus* nur dann, wenn sie in getrennte Stücke auseinander gebrochen war. In diesem Fall hatten einzelne der Bruchstücke, die nicht mehr unter dem Einfluß der vertikalen Schwanzflosse standen, eine andere als die seitliche Lage auf der Gesteinsplatte einnehmen können.

So findet sich an einem Exemplar in der Münchner Sammlung die Schwanzwirbelsäule in mehrere getrennte Abschnitte gebrochen. Von diesen zeigt ein Abschnitt (V) eine ventrale Ansicht

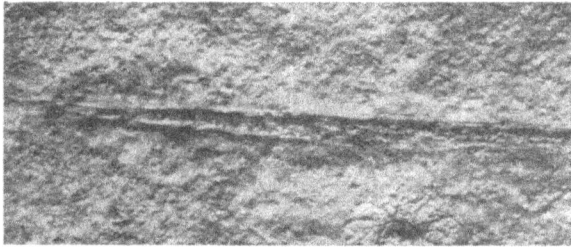

Fig. 9. Schwanzende von *Rhamphorhynchus longicaudus* mit Spuren des Schwanzsegels. Zittel's Exemplar (Taf. 11). × 1.5.

(Fig. 1, S. 8). Die Wirbelkörper erscheinen z. T. völlig symmetrisch und in der Mitte sehr schmal mit verdickten Gelenkenden. Der anstoßende Abschnitt (L) liegt in seitlicher Lage vor und zeigt die Wirbelkörper von viel bedeutenderer Breite bzw. Höhe. Sie sind offenbar stark komprimiert. Es ist das von Wagner 1858, l. c., p. 69 erwähnte Exemplar seines *Rh. curtimanus*, dem ich schon oben (S. 15) die Längenmaße seiner Schwanzwirbel entnommen hatte.

Daß es aber wirklich eine seitliche Lage ist, die die Schwanzwirbelsäule von *Rhamphorhynchus* in der Regel einnimmt, und speziell auch bei unserem Münchner Exemplar mit wohlerhaltenem Schwanzsegel, geht aus folgenden Feststellungen hervor:

1. Was die Wirbelkörper des Schwanzsegels selbst anbelangt, so bieten die wenigen, die an dem Münchener Exemplar gut genug sichtbar sind, mit aller Deutlichkeit einen asymmetrischen Anblick. Bei dem ersten Wirbel am Anfang des Segels ist der Wirbel-

körper auf seiner linken Seite ganz offenbar stärker konkav als
rechts (Fig. 4, S. 10). Das kann nur so gedeutet werden, daß dieser
Wirbel mehr oder weniger vollständig auf der Seite liegt, und
genau dasselbe ließ sich dann auch bei einigen der folgenden
Wirbelkörper beobachten, recht gut sogar noch an den beiden
letzten Wirbeln des Segels. Freilich ist eine Unterscheidung der
Wirbelkörper von den sie z. T. überdeckenden Sehnen oft recht
schwierig, so daß immer mit der Möglichkeit gerechnet werden
muß, daß dadurch die Umrisse der Wirbelkörper selbst falsch
gedeutet werden. Nur an wenigen Segelwirbeln unseres Exemplars
ist diese Täuschung ganz ausgeschlossen.

Ich untersuchte nun die verschiedenen Exemplare von *Rhamphorhynchus* in der Münchener Sammlung auf dieses Verhalten
und konnte feststellen, daß, wo überhaupt Schwanzwirbelkörper
deutlich zu erkennen sind, in der Regel ihre eine Längsseite nur
wenig, die andere aber auffallend stärker konkav ist, so daß sie
offenbar eine seitliche Ansicht darbieten. Besonders schön zeigte
sich das bei einem Exemplar des kleinen *Rh. longicaudus* (Fig. 2,
S. 10). Und zwar zeigt sich diese unsymmetrische Gestalt der Wirbelkörper, die nur auf ihre Seitenlage zurückzuführen ist, in der
Regel auch schon im vorderen Teil der Schwanzwirbelsäule. Für
die hintersten im Bereich des Schwanzsegels liegenden Wirbelkörper fand ich in der Sammlung allerdings keine weiteren
wirklich überzeugenden Beweise dieser seitlichen Lage. In den
wenigen Fällen, wo überhaupt das Schwanzende noch vorhanden
war, konnte man kein befriedigendes Urteil über die Gestalt der
Wirbelkörper gewinnen. Aber gerade an unserem Exemplar mit
Schwanzsegel läßt sich die auffallend unsymmetrische Gestalt der
hintersten Wirbelkörper ganz unzweideutig feststellen. An einem
kleinen Bruchstück der Gegenplatte unseres Exemplars läßt sich
diese unsymmetrische Gestalt eines Wirbelkörpers schon im vorderen Teil des Schwanzes, am 9. Schwanzwirbel sehr klar beobachten. Hier lag also schon der vordere Teil des Schwanzes
auf der Seite, obwohl der in vollständigem Zusammenhang damit
stehende Rumpf ganz auf dem Bauch lag. Auch einige der unmittelbar vor dem Segel befindlichen Wirbel, die verhältnismäßig
gut erhalten sind, zeigen sich unzweideutig in seitlicher Lage
(Fig. 3 u. 4, S. 10).

2. Ganz besonders auffallend ist ferner die asymmetrische
Lage der Wirbelkörper innerhalb des durch die verknöcherten
Sehnen begrenzten Kanals für die Wirbelsäule nicht nur im
Bereich des Schwanzsegels, sondern auch vor diesem (Fig. 3 u. 4).
Die Wirbelkörper sind durchgehends überall, wo es an dem
Münchner Exemplar sich feststellen läßt, auf die rechte Hälfte
dieses Kanals beschränkt, was nicht zu erklären wäre, wenn die
Lage des Schwanzsegels auf der Gesteinsplatte die horizontale
wäre. Nur wenn das Schwanzsegel ein vertikales ist und es mit
seiner Seitenfläche auf der Gesteinsplatte liegt, kann diese unsymmetrische Lage eine zwanglose Erklärung finden. Diese Wirbelkörper liegen zweifellos alle in fester Verbindung mit einander
noch in ihrer ursprünglichen Lage, und haben durch den Fossilisationsprozeß und die Verwesung keine Verschiebung gegen
einander erlitten. Auch diese unsymmetrische Lage der Wirbelkörper in ihrer Sehnenscheide ließ sich bei den meisten Exemplaren von *Rhamphorhynchus*, die eine derartige Beobachtung
erlaubten, ebenfalls mit größter Sicherheit feststellen, und zwar
auch schon im vorderen Teil des Schwanzes.

Damit ist meines Erachtens die seitliche Lage nicht nur des
Schwanzsegels, sondern auch des größten Teils des Schwanzes
auf der Gesteinsplatte bei unserem Exemplar sicher festgestellt.

3. Aber noch etwas weiteres stellte sich bei meinen Untersuchungen der Wirbelkörper an unserem Exemplar heraus. Die
Wirbelkörper sind seitlich komprimiert, und zwar innerhalb des
Schwanzsegels sehr stark, sodaß sie ganz platt erscheinen. Aber
auch schon im vorderen Teil des Schwanzes kommt das zur
Geltung. Das oben erwähnte kleine Bruchstück, das einen der
vorderen (9.) Schwanzwirbel schon in völlig seitlicher Lage zeigt,
läßt auf seiner Bruchfläche den größten Teil des Querbruchs vom
10. Schwanzwirbel erkennen (Fig. 5, S. 12). Er ist noch in fast ursprünglicher Weise von der aus verknöcherten Sehnen gebildeten
Scheide allseitig umgeben. Obwohl der Querbruch nahe dem
Vorderende des Wirbels erfolgt ist, wo sich schon eine Verdickung
des Wirbelkörpers geltend macht, zeigt dieser sich auch hier
deutlich komprimiert. Er ist hier etwa doppelt so hoch als breit.
Diese Kompression ist nicht durch den Gesteinsdruck erfolgt, denn
die verknöcherten Sehnen rings herum behielten einigermaßen

ihre natürliche Lage, und der Querbruch des Wirbelkörpers selbst
ist, soweit er vorliegt, fast ganz symmetrisch und auf keinen
Fall gequetscht. Nur der ventrale Teil der Sehnenscheide
ist etwas auf die Seite gebogen. Ebensowenig vermag ich die
platte Form der im Schwanzsegel befindlichen Wirbelkörper für
die Folge von Gesteinsdruck zu halten. Es ist die natürliche
Gestalt der stark komprimierten hintersten Schwanzwirbelkörper
von *Rhamphorhynchus*.

An dieser Stelle darf auch nicht unerwähnt bleiben, daß
schon H. v. Meyer 1860, l. c., p. 69 mit aller Bestimmtheit festgestellt hat, daß der Schwanz von *Rhamphorhynchus* „weder rund
noch platt (d. h. deprimiert), sondern flach, höher als breit war."
Ich wenigstens halte nun die Beobachtungen an den Wirbelkörpern selbst für so überzeugend und wichtig und so einwandfrei
zu übersehen, daß jede dieser 3 Feststellungen allein schon die
Frage nach der Stellung des Segels entscheiden müßte:

1. Die Wirbelkörper sind seitlich kompromiert und zwar um
so stärker, je weiter nach hinten sie liegen.

2. Die Wirbelkörper liegen in der Regel auf der Seite und
zeigen daher ein unsymmetrisches Aussehen, auf ihrer ventralen
Seite viel stärker konkav als auf der dorsalen.

3. Die Wirbelkörper zeigen infolge ihrer seitlichen Lage
auch eine unsymmetrische Lage innerhalb der sie umgebenden
Scheide aus verknöcherten Sehnen.

Das alles lassen schon die Wirbelkörper innerhalb des
Schwanzsegels unseres Münchner Exemplars unzweideutig erkennen.

Dazu kommt nun auch noch die jedenfalls unsymmetrische
Lage der Apophysen im vorderen Teil des Schwanzsegels.

Nach meiner Ansicht darf auf Grund der hier mitge-
teilten Beobachtungen mit aller Bestimmtheit angenommen werden, daß die ursprünglich von Marsh ver-
tretene Ansicht, daß *Rhamphorhynchus* ein vertikales
Schwanzsegel besaß, tatsächlich auch der Wirklichkeit
entspricht.

Alle Erscheinungen sprechen dafür, daß sowohl auf der
Abbildung des Münchner Exemplars wie des Yale-Exemplars
(Fig. 6 u. 7) die rechte Hälfte der Figuren als der dorsale, die linke

Hälfte als der ventrale Teil des Schwanzsegels anzusprechen ist. Mit Marsh muß ich die Apophysen als Neurapophysen und Haemapophysen betrachten.

Wenn zu Gunsten der Ansicht, daß es ein Horizontalsegel sein soll, auf die auffallende Symmetrie beider Hälften in ihren Gesamtumrissen hingewiesen wird, und besonders darauf, daß die Apophysen beider Seiten so große Ähnlichkeit in ihrem ganzen Verlauf zeigen, wie man es nur bei paarweise zusammengehörigen Organen der rechten und linken Körperhälfte erwarten kann, so sei auf die Gestalt der vertikalen Schwanzflossen der modernen Knochenfische hingewiesen, die oft eine ganz verblüffende Symmetrie ihrer dorsalen und ventralen Hälften zeigen. Ähnlich ist das Schwanzsegel von *Rhamphorhynchus* zu verstehen.

Flughaut und Körperbedeckung.

Auf dem 4. Bruchstück der Hauptplatte ist neben dem Schwanzsegel auch der äußere Teil des linken Flügels mit sehr schön erhaltener Flughaut zu sehen. Diese Flughaut zeigt bei Beginn der 3. Phalange eine Breite von 43 mm. Ihr freier Rand verläuft fast geradlinig (sehr schwach konkav) bis zum Ende der Endphalange. Bei Beginn der Endphalange zeigt sie noch eine Breite von 27 mm. Über die Form der Flughautspitze selbst geben die vorhandenen Reste keinen ganz sicheren Aufschluß. Doch scheint sie etwas abgerundet, nicht mit einem spitzen Eck geendet zu haben.

Auffallend auf der Oberfläche der Flughaut sind mehrere sehr ausgesprochene Längsfurchen, die etwa geradlinig und fast parallel zu einander unter sehr spitzem Winkel mit der Längsrichtung der Phalangen nach außen verlaufen, aber den Rand der Flughaut nicht erreichen. Drei von diesen Furchen beginnen offenbar ungefähr am proximalen Ende von je einer der 3 äußeren Phalangen, während längs der Endphalange noch einige weitere dazukommen, vielleicht aus dem Grund, weil die Endphalange im Gelenk gegenüber der vorletzten Phalange etwas eingeknickt ist und nicht mehr vollständig die geradlinige Fortsetzung von dieser bildet.

Jedenfalls ist aus dem deutlichen Hervortreten dieser Längsfalten zu schließen, daß die Flughaut mehr oder weniger im

Ruhestand sich befand. Einige Stellen der sonst auffallend glatten
Oberfläche der Flughaut lassen eine sehr feine parallele Längs-
streifung erkennen, die von der Gegenwart der elastischen Längsfasern herrührt, die die Flughaut der Pterosaurier durchziehen.

Auf drei unzusammenhängenden kleineren Bruchstücken der
Gegenplatte (Taf. 3, Fig. 1), die aus der Gegend der Schwanzwurzel stammen, erregten noch einige eigentümliche Spuren, die
nicht zum verknöcherten Skelett gehören, mein besonderes Interesse. Auch die Hauptplatte zeigt an diesen Stellen ähnliche Spuren.
Sie sind aber besser auf den Bruchstücken der Gegenplatte erhalten. Zunächst fällt ein System feinster, parallel zueinander ver-
laufender Streifen auf, von denen ca. 25—35 auf die Breite von
10 mm kommen. Sie erwiesen sich zweifellos als Teile der Flughaut und zwar aus derjenigen Gegend, die sich zwischen Unterarm und 1. Flugfingerphalange befindet. Es sind die ungestört
nebeneinander liegenden Fasern, die die Flughaut überall durchziehen. Offenbar lag das Tier, als seine Leiche in dem Kalkschlamm
zur Ablagerung kam, so, daß die Flughaut seines linken Flügels
unter das Becken und die Schwanzwurzel zu liegen kam. Quer
über die Schwanzwurzel legte sich dann noch die linke Tibia.
Auf den kleinen Bruchstücken der Gegenplatte haben sich nun
die Fasern der Flughaut in ganz vortrefflicher Weise erhalten,
fast besser noch als auf anderen Exemplaren, die ich kenne. Leider
sind es nur einzelne Bruchstücke, die aufbewahrt sind, die sich
aber einigermaßen ergänzen, sodaß verschiedene Stellen der Flughaut vorliegen, auf denen die Fasern verschiedene Richtung und
verschiedene Dichtigkeit aufweisen.

Auf den gleichen Bruchstücken besonders der Gegenplatte,
die diese Fasersysteme der Flughaut erkennen lassen, finden sich
neben ihnen, z. T. in sie übergehend, rätselhafte büschelartige
Gebilde. Sie zeigen sich ziemlich auffallend auf der Flughaut unmittelbar neben dem distalen Ende der 1. Flugfingerphalange, und
zwar sowohl auf der Hauptplatte wie auf der Gegenplatte, in viel
schwächerem Grade auch neben dem Gelenk zwischen 2. und 3.
Flugfingerphalange. Besonders deutlich aber zeigen sich solche
Büschel zu beiden Seiten der Tibia an der Stelle, wo sie die
Schwanzwirbelsäule überkreuzt. Hier machen sie den Eindruck,
als ob sie von der Schwanzwirbelsäule ausgehen. Eine weitere

Partie solcher Büschel befindet sich am distalen Ende der Tibia, als ob sie an dieser Stelle befestigt wären. Doch ist keineswegs sicher, daß sie mit der Schwanzwurzel oder der Tibia wirklich in Beziehung stehen. Denn an diesen Stellen der Platte liegt Flughaut, Schwanzwurzel und Unterschenkel übereinander, und jeder dieser Körperteile kann als Träger dieser Büschel in Betracht kommen. Daß sie an anderen Stellen der Flughaut dicht neben den Phalangen vorkommen, ist schon erwähnt.

Es ist schwer zu einer richtigen Deutung dieser merkwürdigen Bildungen zu kommen. Mit einiger Phantasie könnte man an Haarbüschel denken, die sich in Gestalt solcher Flocken erhalten haben und zwar an der Schwanzwurzel, am distalen Gelenk der Tibia und auf einigen Stellen der Flughaut. Diese Büschel erinnern durchaus an die Art, wie gerne von Malern und Bildhauern das Haupt- und Barthaar dargestellt wird, ohne daß die einzelnen Haare sichtbar werden. Auch auf Gipsabgüssen, die von einem Kopf mit eingefetteten Haaren genommen werden, wie z. B. bei Totenmasken, zeigt sich das Haar in dieser charakteristischen Büschelform.

Seitdem Broili 1927, l. c., den Nachweis vom Vorkommen tatsächlicher haarartiger Bildungen bei *Rhamphorhynchus* geführt hat, kann mit der Möglichkeit des Auftretens auch von längeren Haaren gerechnet werden, die in Form von Flocken oder Büscheln sich erhalten haben, ohne daß die einzelnen Haare noch sichtbar sind.

Hier muß nochmals dem Bedauern Ausdruck gegeben werden, daß ein Exemplar von *Rhamphorhynchus* in so wunderbarer Erhaltung, daß Schwanzsegel, Flughaut mit ihren Fasern und haarartige Epidermisbildungen sich noch nachweisen lassen, nur in einzelnen unzusammenhängenden Bruchstücken gesichert und einer Sammlung zugeführt wurde.

Nahrung, Lebensweise und Erwerbung des Flugvermögens.

Broili[1]) 1927, p. 64 hat darauf hingewiesen, daß merkmürdigerweise „weder bei den zahlreichen *Rhamphorhynchoidea* noch bei den *Pterodactyloidea* der Münchner Sammlung vom Mageninhalt keinerlei Reste sich zeigen, der doch sonst gelegentlich bei

---

[1]) Broili, Ein *Rhamphorhynchus* mit Spuren von Haarbedeckung. Sitzb. d. Bayer. Akad. d. Wiss., Jahrg. 1927, p. 49—67, Taf. 4—6, Taf. 7, Fig. 1.

Reptilien aus diesen Schichten *(Compsognathus, Homoeosaurus)* sich erhielt". Es wäre das ja sehr interessant aus dem Grund, da man dadurch auf die Art der Nahrung Schlüsse ziehen könnte. Das hier behandelte Exemplar zeichnet sich nun auch in dieser Beziehung vor anderen aus. Zum Teil noch zwischen den vordersten Zähnen des Unterkiefers, zum größten Teil aber vor der Mundöffnung dieses Exemplars (Taf. 1 bei Nr. 2, und Fig. 10) liegt eine eigentümliche Masse von gelblicher Farbe auf dem Gestein, die

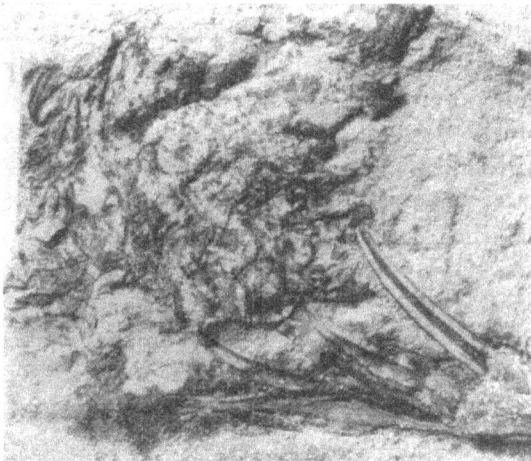

Fig. 10. *Rhamphorhynchus Gemmingi* (Münchner Exemplar mit Segel). Vorderende des Unterkiefers mit ausgespieenem Mageninhalt. $\times$ 1.8.

ich für den ausgespieenen Inhalt des Magens halten möchte. Vermutlich hat das Tier in seinem Todeskampf die letzte Mahlzeit wieder von sich gegeben, wie das ja verschiedene Tiere in diesem Zustand gerne tun. Zweifellos sind es tierische Reste, die hier in schon etwas zersetztem Zustand vor uns liegen. Leider ist es nicht möglich, mit aller Bestimmtheit diese letzte Mahlzeit eines *Rhamphorhynchus* zu analysieren. Wirr durcheinander finden sich strahlige Gebilde z. T. deutlich gegliedert und z. T. parallel zueinander angeordnet, daß man an Flossenstrahlen von Fischen erinnert wird; auch an Crustaceen ist dabei zu denken. Da und dort liegen auch Gebilde, die vielleicht auf Schuppen gedeutet werden können. Einige zyklische Bildungen lassen an den Crinoiden *Saccocoma* denken, der ja im lithographischen Schiefer einen hervorragenden

Bestandteil des Plankton bildete. Und gerade zum Planktonfang würde sich das reusenartige Gebiß von *Rhamphorhynchus* mit den langen, schlanken, schräg nach vorn und außen gerichteten Zähnen ganz vorzüglich eignen. Aber in keinem Fall sind die Reste so deutlich, auch nicht in ultraviolettem Licht, daß man die Verantwortung übernehmen könnte, sie zweifellos als Fisch- oder Crinoidenreste zu bezeichnen.

Jedenfalls aber möchte ich den Schluß ziehen, daß es sich um keine großen Beutetiere handelte, die in diesem Fall dem *Rhamphorhynchus* als Nahrung gedient hatten. Sollten tatsächlich Fische darunter gewesen sein, so konnten es nur sehr kleine Exemplare sein, sonst müßten ihre Spuren deutlicher sein. Es dürften nur zartere Tierformen gewesen sein, die als Nahrung in Betracht kamen, wie sie aber für das Plankton charakteristisch sind.

Die Annahme eines besonders engen Beckens bei den Pterosauriern, wie sie von einigen Autoren gefordert wird, das nur sehr kleinen Eiern oder Jungen den Durchgang gestatten würde, wird von den mir vorliegenden Skeletten in keiner Weise gestützt. Speziell bei *Rhamphorhynchus* zeigt gerade das schöne Exemplar von Zittel (l. c., Taf. 12, Fig. 2) die ventrale Ansicht des Beckens in fast ungestörtem Zustand. Es ist hier nicht anzunehmen, daß die Lage der einzelnen Teile gegeneinander durch den Gesteinsdruck eine wesentliche Verschiebung erlitten hat. Dies Becken läßt auf eine weite Lücke zwischen den ventralen Rändern der beiden Ischia bzw. Ischio-pubes schließen. Es spricht gar nichts dafür, daß hier eine feste Symphyse, sei es auch nur eine aus Knorpel bestehende, dazwischen gewesen ist. Nur die weit vorn gelegenen bandförmigen Praepubes sind median vereinigt, umspannen aber, wenn man sich ihren querliegenden medianen Teil halbkreisförmig gebogen denkt, einen sehr weiten Beckenraum. Bei *Pterodactylus* scheinen mir diese Verhältnisse nicht wesentlich anders zu liegen. Bei ihnen fehlt sogar jede Andeutung einer Symphyse zwischen den schaufelförmigen Praepubes. Auch bei *Anurognathus* finde ich keinen Anlaß, eine Sitz- oder Schambeinsymphyse anzunehmen. Ich kenne keine Tatsache, die dazu zwingen würde, bei einer dieser Formen eine derartige feste Umgrenzung des Beckenausgangs zu fordern. Nach meiner Ansicht steht nichts

im Wege, sich bei ihnen das Vorhandensein eines offenen Beckens
wie bei den carinaten Vögeln vorzustellen, das ihnen ermöglicht,
sehr große Eier zu legen oder weit entwickelte Junge zur Welt
zu bringen. Auch v. Stromer 1913 äußert sich ähnlich.

Mit Ausnahme der ersten Autoren, die sich über Pterosaurier
äußerten (Collini u. a.), wurden bisher allgemein die Flugsaurier
sämtlich als ausgesprochene Land- und Lufttiere betrachtet wie
die Fledermäuse und die große Masse der Vögel, deren ganzer
Bau völlig auf ihre fliegende Lebensweise abgestimmt war. Von
verschiedenen Seiten war deshalb auch angenommen worden, daß
Rhamphorhynchus als „Segler der Lüfte" ein horizontales Schwanzsegel als Steuer erworben haben mußte. Tatsächlich ist ja bei allen
Landtieren, deren Schwanz abgeplattet ist, um als Steuer beim
Fliegen oder Springen zu dienen, die Abplattung in horizontaler
Richtung erfolgt. Mit diesem Landleben war es auch durchaus
vereinbar, daß *Rhamphorhynchus* seine Nahrung aus dem Wasser
bezog, und Abel[1]) läßt ihn, ähnlich wie es der Scheerenschnabel
(*Rhynchops*) tut, während des Fluges Fische fangen und in aus-
gestreckter Lage auf dem Sandstrand ausruhen.

Nachdem nunmehr aber feststeht, daß *Rhamphorhynchus* ein
vertikales Schwanzsegel besaß, müssen wir unsere Anschauungen
über seine Lebensweise dieser Tatsache anpassen. Jetzt ist die
Frage berechtigt, ob das sogenannte Schwanzsegel von *Rhamphorhynchus* nicht besser als vertikale Schwanzflosse eines Wasser-
bewohners zu betrachten ist, denn nur bei echten Wassertieren
ist die vertikale Abplattung des Schwanzendes bekannt und sehr
verbreitet, die bei echten Landtieren niemals eintritt. Die
Schwimmhaut an den Hinterfüßen und das zum Planktonfang
vorzüglich geeignete Reusengebiß weisen *Rhamphorhynchus* ebenfalls ins Wasser. Zum Schwimmen standen die Flügel, die Hinterfüße und die Schwanzflosse zur Verfügung. Ich könnte mir
Rhamphorhynchus recht gut als gewandten Schwimmer und Taucher
vorstellen, der sich mit kräftigem Schwanzschlag auch aus dem
Wasser heraus zu schnellen verstand, um sich im Segelflug in
der Luft zu tummeln. Auch zahlreiche Vögel, die als gute Flieger

---

O. Abel 1919, Neue Rekonstruktion der Flugsauriergattungen *Pterodactylus* und *Rhamphorhynchus*. Die Naturwissenschaften. 7. Jahrg. p. 661—665.

bekannt sind, schwimmen und tauchen vortrefflich, während sie im Wasser ihre Nahrung suchen.

Ich kann mir nicht gut denken, wie die Vorfahren der Pterosaurier, als sich ihre Vorderfüße zu Flügeln entwickelten, zu der vertikalen Hautausbreitung am Schwanzende gekommen sein sollen, wenn sie wirklich kletternde Landtiere gewesen waren. Dagegen könnte ich mir viel eher vorstellen, daß sich bei einer den Vorfahren der Krokodile und Pseudosuchier verwandten wasserlebenden Form mit langem, seitlich in seiner ganzen Länge stark komprimiertem Ruderschwanz die vorderen Extremitäten flügelartig verlängerten. Das ist bei Meerestieren gar nichts erstaunliches, denn wir sehen das bei den fliegenden Fischen wie *Dactylopterus* und *Exocoetus* und anderen, auch fossilen Formen, bei denen dieser Vorgang unabhängig von einander in oft außerordentlichem Maße eingetreten ist. Mittels des kräftigen Schwanzes, der als Propeller dient, vermögen sie sich aus dem Wasser zu schnellen und mit den ausgespannten Vorderextremitäten einen mehr oder weniger weiten Segelflug zu unternehmen. Soweit sind unsere fliegenden Fische schon gekommen, und wenn sie zu längerem Aufenthalt in der Luft geeignet wären, würden sicher auch wirkliche Flieger aus den Fischen schon hervorgegangen sein. Bei den kiemenatmenden Fischen konnte aber diese Entwicklungsrichtung nicht mit Erfolg durchgeführt werden. Bei lungenatmenden Reptilien dagegen, wie es die Propterosaurier waren, stand aber dieser Entwicklung nichts im Wege, und sie wurden in der Folge auch wirkliche Flieger.

Nachdem einmal von den Vorfahren der Pterosaurier der Zustand der fliegenden Fische erreicht worden war, war die Weiterentwicklung zum wirklichen Flug geradezu eine Notwendigkeit. Ein Hindernis auf diesem Weg war eigentlich nur der schwerfällige lange Ruderschwanz. Zunächst wurde er den Bedürfnissen des Fluges nach Möglichkeit angepaßt und noch beibehalten. Aber die Hautverbreiterung, die ursprünglich wohl längs des ganzen Schwanzes wie bei Tritonen vorhanden war, wurde auf das Schwanzende beschränkt und im übrigen der Schwanz soweit reduziert, daß er nur noch als dünner steifer elastischer Stiel dieser Schwanzflosse diente, die in dieser Form im Wasser noch als Propeller brauchbar war, in der Luft aber als Stabilisierungsorgan beim Flug. Als Steuer beim Flug dienten wohl vornehmlich die Hinterfüße mit ihrer ausgedehnten Schwimmhaut, die aber völlig frei waren und nicht mit der Flügelhaut in Verbindung standen, ebenso wenig wie das bei Vögeln der Fall ist. Diesen Zustand zeigt nun noch *Rhamphorhynchus* bis zum Malm als letzter der langschwänzigen Pterosaurier. Aber wie auch bei den Vögeln erwies sich auf die Dauer der lange Schwanz als unpraktisch und verschwand bei ihnen. Noch im Malm finden wir neben den letzten langschwänzigen Pterosauriern bereits zwei unabhängig von einander entstandene Gruppen von Formen mit ganz verkümmertem Schwanz, durch *Anurognathus* und *Pterodactylus* vertreten. Derartige Formen erhielten sich noch durch die ganze Kreidezeit und erreichten hier gigantische Größen, wie sie bei fliegenden Tieren nie wieder vorkamen.

Ich hatte selbst früher die Entstehung des Flugvermögens bei Wirbeltieren, den Vögeln, Pterosauriern und Fledertieren dadurch erklärt, daß in allen drei Gruppen das Stadium von kletternden Landtieren bei der Stammesentwicklung durchlaufen werden mußte. Jetzt aber scheint es mir für die Flugsaurier möglich, eine Entwicklung aus schwimmenden Formen zu fliegenden anzunehmen. Ich würde diese Ableitung der Pterosaurier von wasserbewohnenden Propterosauriern für ganz überzeugend halten, die mit allen bekannten Tatsachen in Einklang zu bringen ist, wenn mich nicht ein Punkt doch noch etwas bedenklich machen würde. Es ist das Vorhandensein der großen Krallen an den drei Krallenfingern, also gerade der Organe, die es mir seiner Zeit wahrscheinlich machten, daß auch die Pterosaurier von kletternden Landtieren abstammen müßten. Denn wozu besitzt ein wasserlebendes Tier derartige scharfe und gewaltige Krallen, wie sie schon die altertümlichste[1] Form *Dimorphodon macronyx* trägt, denen sie ihren Namen verdankt. Daß derartige Krallen sich nicht zu dem Zwecke so mächtig entwickelt hatten, damit die Tiere, wenn sie das Wasser verlassen, auf Felsen oder Bäumen

---

[1] Daß der triassische *Tribelesodon* wirklich ein Pterosaurier ist, das muß meiner Meinung nach erst noch bewiesen werden. Der geistreiche Versuch dieses Beweises von Baron Nopcsa 1922 (Neubeschreibung des

herumklettern oder sich zur Ruhe damit anhängen können, das
liegt doch auf der Hand. Es ist nun auffallend, daß sie bei
Rhamphorhynchus mit seinem Reusengebiß verhältnismäßig schwach
und klein sind. Auch die schwächer bezahnten Arten von *Pterodactylus* haben nur kleine Krallenfinger, und bei dem zahnlosen
Pteranodon sind sie ganz unbedeutend. Dem gegenüber scheinen
mir die Krallen um so größer und die Krallenfinger um so länger
zu sein, je mehr das Gebiß darauf hindeutet, daß sein Besitzer
verhältnismäßig große und kräftige Beutetiere damit zu fangen
und festzuhalten hat. So ist es bei *Dimorphodon, Scaphognathus,*
bei *Pterodactylus Kochi* und Verwandten mit ihren langen oder
sehr kräftigen Fangzähnen, die auf eine räuberische Lebensweise
deuten. Ganz besonders auffallend ist das bei dem vom Wasser
ganz unabhängigen *Anurognathus* der Fall, der wohl verhältnismäßig die gewaltigsten Krallen unter den Pterosauriern besitzt.
Es sind das in Wirklichkeit gefährliche und wirkungsvolle Greif-
organe, die weit über das Bedürfnis von bloßen Kletterorganen
hinausgehen. Ich halte sie in der Tat für Waffen zum
Ergreifen und Festhalten der Beute.

Tafelerklärung.

Tafel 1. *Rhamphorhynchus Gemmingi,* aus dem lith. Schiefer von Schernfeld bei Eichstätt. Exemplar mit wohlerhaltenem Schwanzsegel. Nr. 1, 2,
3, 4 sind 4 größere unzusammenhängende Bruchstücke, durch Gips verbunden. Das Mittelfeld besteht aus Gips. Nr. 1g, 3g, 4g sind Bruchstücke
der Gegenplatten von Nr. 1, 3, 4. × 0.37.

Tafel 2. .Schwanzsegel von *Rhamphorhynchus Gemmingi.* Abdruck der
Oberfläche auf der Gegenplatte. × 1.6.

Tafel 3, oben. *Rhamphorhynchus Gemmingi,* 3 Bruchstücke der Gegenplatte von Nr. 1 und 3 in natürlicher Stellung zu einander. Fast überall
sind die parallelen Fasern der Flügelhaut sichtbar. a und b zeigen den Anfang
der Schwanzwirbelsäule, daneben die frei gewordenen verknöcherten Sehnenfasern, quer darunter die linke Tibia, zu beiden Seiten davon büschel-
förmige Gebilde, ebenso auf c. Nat. Gr.

---

triassischen Pterosauriers *Tribelesodon.* Palaeont. Zeitsch. 5. Bd.) kann mich
nicht überzeugen. Und gerade das, was ich auf Grund der Abbildungen
für das einzige Merkmal gehalten hätte, das wirklich für die Zugehörigkeit
zu den Pterosauriern sprach, nämlich eine Reihe von Schwanzwirbeln mit
ihren für diese Gruppe so charakteristischen verknöcherten Sehnen, deutet
N o p c s a als die verschiedenen Teile der vorderen Extremität.

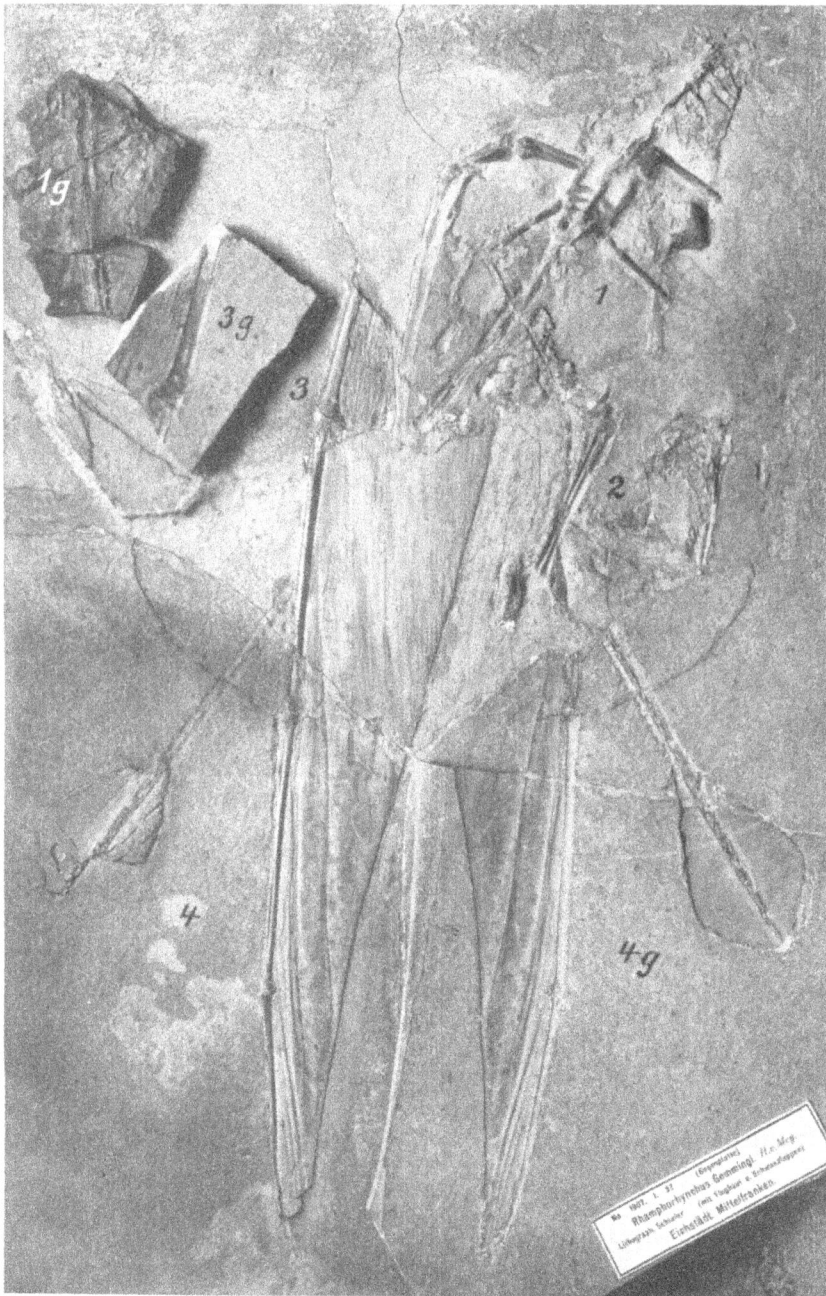

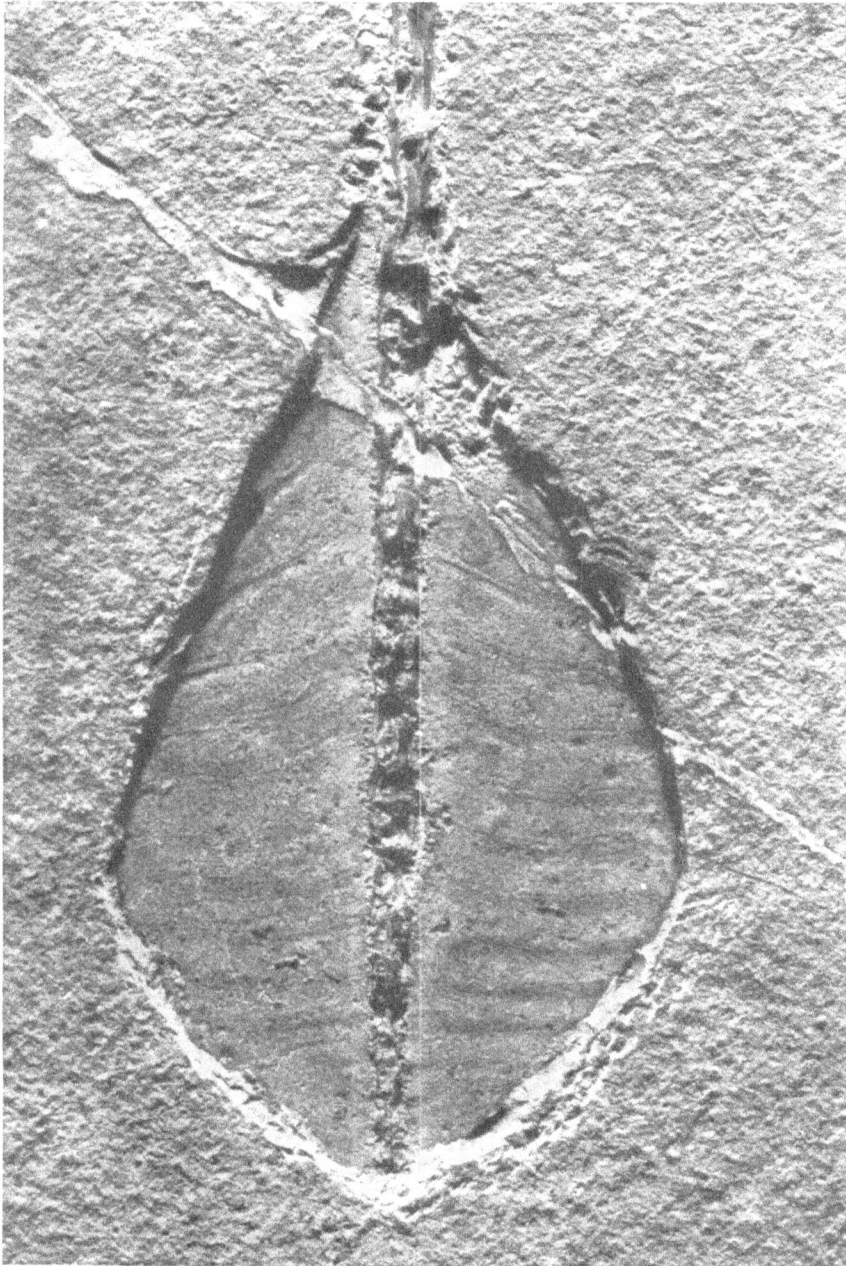

                    J. B. Obernetter, München

Ein Pterodactylus mit Kehlsack.

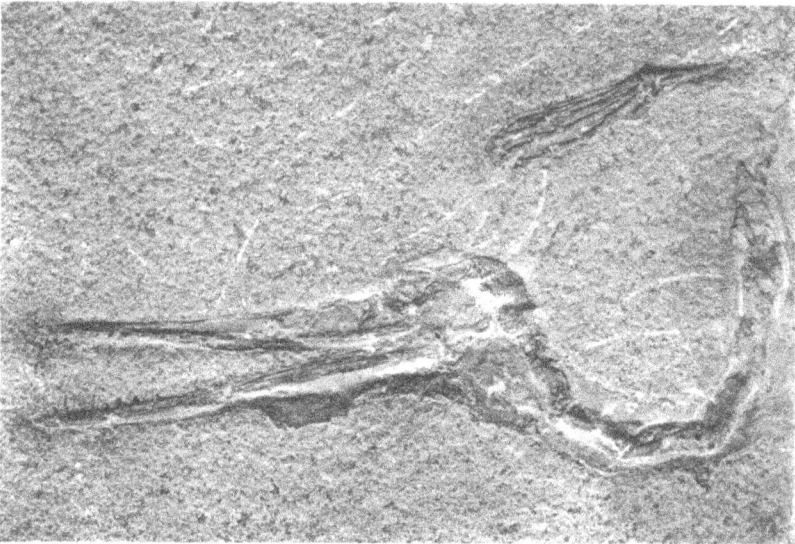

Über Anurognathus Ammoni Döderlein.

Von **Ludwig Döderlein** in München.

Mit Tafel IV und V und 7 Textfiguren.

Vorgetragen in der Sitzung am 15. Dezember 1928.

Inhaltsübersicht.

Im Jahre 1923 beschrieb ich[1]) unter dem Namen *Anurognathus Ammoni* einen Flugsaurier aus dem lithographischen Schiefer von Solnhofen, der einen neuen, höchst charakteristischen Typus unter den Rhamphorhynchoidea darstellt. Leider mußte den damaligen Zeitverhältnissen entsprechend bei der Veröffentlichung mit Abbildungen äußerst sparsam vorgegangen werden, so daß ich mich auf das Notwendigste beschränkte. So benutzte ich zur Darstellung des vorliegenden Exemplars ein bereits vorhandenes Cliché, das aber ein nur wenig befriedigendes Bild des interessanten Fossils ergab. Ich möchte darum heute eine Abbildung dieser Platte nochmals, aber in besserer und vergrößerter Ausführung bringen (Tafel IV und V).

Im übrigen hätte ich weiter gar keinen Anlaß, an meinen früheren Ausführungen über diesen *Anurognathus* etwas zu ändern

---

[1]) L. Döderlein, *Anurognathus Ammoni*, ein neuer Flugsaurier. Sitzungsber. Bayer. Akad. d. Wiss., Jahrg. 1923, p. 117—164.

oder zu ergänzen, da ich meinen damaligen Bericht für durchaus erschöpfend und zuverlässig halte. Jedoch ist in der Zwischenzeit von zwei verschiedenen Seiten der Versuch gemacht worden, einige meiner präzisen Angaben in Frage zu stellen und sie zu „berichtigen" oder zu „ergänzen".

Die Herren Professor C. Wiman aus Upsala und Professor B. Petronievics aus Belgrad haben völlig unabhängig voneinander hier in München das Original meines *Anurognathus* näher untersucht und glaubten auf Grund dieser eigenen Untersuchungen zu einigen Feststellungen gekommen zu sein, die meinen Beobachtungen und Mitteilungen widersprechen und sie als irrtümlich erscheinen lassen.

Ich war dadurch veranlaßt, das Original selbst nochmals aufs gewissenhafteste daraufhin zu prüfen, ob mir nicht vielleicht doch in den betreffenden Punkten irrtümliche Angaben unterlaufen sind. Nunmehr kann ich aber von vorneherein erklären, daß ich an meinen früheren Feststellungen bezüglich der bemängelten Punkte nicht das geringste zu ändern habe, und daß ich ausdrücklich die volle Richtigkeit meiner eigenen Darstellung bestätigen kann. Soweit Tatsachen, die ich festgestellt hatte, in Zweifel gezogen worden sind, sehe ich mich gezwungen, sie hier wieder richtig zu stellen.

„Berichtigungen" durch Prof. Wiman.

Zunächst hat sich Prof. Wiman 1925[1]) zu meinem allergrößten Erstaunen über ungenügende Maßangaben in meinem Bericht beklagt. Er schreibt p. 12: „Döderlein hat keine absoluten Maße mitgeteilt. Ich habe sie daher aus seiner Textfigur 2, p. 119 berechnet". Vielleicht hat Wiman inzwischen selbst schon eingesehen, daß sein Vorwurf völlig unbegründet war, und daß er sich die Mühe seiner eigenen Berechnung leicht hätte sparen können. Die von ihm benötigten Maße hätte er an je zwei Stellen meines Berichtes sehr bequem finden können. Ich habe bei der Besprechung der einzelnen Knochen jedesmal die absoluten Maße aufs peinlichste genau angegeben und habe außerdem die wichtigsten davon nochmals am Schluß der Arbeit in einer Tabelle übersichtlich zusammengestellt!

---

[1]) C. Wiman, Über *Pterodactylus Westmani* und andere Flugsaurier. Bull. of the Geol. Instit. of Upsala, Vol. 20, p. 1—38, Taf. 1—2, 1925.

Ferner hatte ich auf p. 149 meiner Abhandlung festgestellt:
„Am rechten Fuß endet die glatte Oberfläche (des Gesteins) ziemlich genau mit den Spitzen der fünf weit auseinander gespreizten Zehen und macht das Vorhandensein einer Schwimmhaut zwischen den Zehen fast zur Gewißheit, umsomehr, als zwischen den ebenfalls weitgespreizten Fingern der rechten Hand die glatte Oberfläche nicht ausgebildet ist. Es ist anzunehmen, daß sie frei waren". In seiner Schrift 1928, p. 363 erklärt jedoch Wiman[1]): „Im Gegensatz zu Döderlein kann ich von der betreffenden Haut nicht die geringste Spur finden weder am Original noch am Abdruck oder in der Skulptur der Gesteinsoberfläche. Diese Oberfläche sieht genau ebenso rauh aus innerhalb der vermeintlichen Haut wie außerhalb derselben". Ich hoffe, daß Wiman doch noch selbst diesen Unterschied anerkennen wird, der sogar auf der recht minderwertigen Figur 1 meiner Abhandlung derart in die Augen fällt, daß ich noch Niemanden gefunden habe, der diesen Unterschied nicht sofort gesehen hätte. Es handelt sich um den in der rechten oberen Ecke meiner Figur 1 ausgebreiteten Hinterfuß. Das ist auf dem Original natürlich noch viel deutlicher zu erkennen. Ich möchte sogar daraus schließen, daß diese Schwimm- oder Flughaut des Hinterfußes sich in Form eines Hautlappens außerhalb der 5. Zehe noch verbreiterte und diese Zehe völlig umschloß.

Eine weitere „Berichtigung" meiner Darstellung hält Prof. Wiman[1]) für angezeigt bezüglich der Phalangenzahl der 5. Hinterzehe von *Anurognathus*. Diese bei *A*. besonders lang entwickelte Zehe, die bei dieser Flugechse fast die doppelte Länge der 4. Zehe aufweist und darin die von *Dimorphodon* noch übertrifft, überkreuzt bei unserem Exemplar die darunterliegende 1. Flugfingerphalange unter einem rechten Winkel. Der überkreuzende Teil der Zehe ist weggebrochen mitsamt der darunterliegenden oberen Hälfte des mächtigen Röhrenknochens, der die 1. Flugfingerphalange darstellt, sodaß von dieser nur die untere Hälfte als offene Halbröhre noch erhalten ist. Die fehlenden Teile sind offenbar beim Abheben der Gegenplatte mit dieser verloren gegangen.

---

[1]) C. Wiman, Einige Beobachtungen an Flugsauriern. Palaeobiologica, Bd. 1, p. 363—370, 1928.

Da bei allen anderen Rhamphorhynchoidea bisher nur zwei
Phalangen an dieser Zehe angenommen werden und die Endphalange deutlich vom proximalen Teil der Zehe zu unterscheiden
ist, nahm auch ich zuerst an, daß es nur die 1. Phalange der
5. Zehe sein könne, die sich quer über den Flugfinger gelegt
hatte. Allerdings müßte sie neben ihrer großen Schlankheit auch
von außerordentlicher Länge (15 mm) gewesen sein. Dafür sprach
auch, daß zu beiden Seiten des Flugfingers sowohl der proximale
wie der distale Teil einer Zehenphalange vorliegt, von denen der
eine Teil die geradlinige Fortsetzung des anderen zu sein
scheint.

Da fiel mir aber auf, daß zu beiden Seiten der überkreuzten
Flugfingerphalange, unmittelbar an diese anschließend, breite
grubenförmige Vertiefungen sichtbar waren, wie sie an anderen
Zehen nur an den Gelenken zwischen je 2 Phalangen sich bilden,
wenn sich Kristallisationserscheinungen geltend machen und so
das rosenkranzförmige Aussehen der Zehen veranlassen. Das ist
bei unserem Exemplar besonders deutlich am linken Hinterfuß
zu beobachten, wo die z. T. äußerst kurzen Phalangen durch
knotenförmige Verdickungen an Stelle der Gelenke scharf von
einander getrennt werden. Wo an anderen Stellen des Exemplars
Skeletteile sich überkreuzen, zeigen sich knotenförmige Verdik-
kungen infolge von Kristallisation nur dann, wenn Gelenkstellen
dabei im Spiel sind; sonst legt sich der eine Knochen glatt über
den anderen ohne Deformation. Das ganze Aussehen der Grübchen
zu beiden Seiten des Flugfingers ließ sich nur durch die Annahme erklären, daß es die Mulden von solchen Gelenkknoten
sind, und daß es sich um die Grenze zwischen 2 Phalangen
handelt. Die beiden Grübchen, die durch den Flugfinger getrennt
sind, liegen aber so weit auseinander, daß es recht unwahrscheinlich schien, daß sie zu einem einzigen Gelenk gehören.
Dazu zeigt das eine Grübchen eine deutliche Verschmälerung
gegen den Knochen des Flugfingers. So kam ich zur Annahme,
daß gerade über der Phalange des Flugfingers eine besondere,
sehr kurze Phalange der 5. Zehe müsse gelegen haben, deren
distales und proximales Gelenk ihre Spuren in Form der beiden
Grübchen hinterlassen haben. Auf diese Weise kam ich zu
4 Phalangen für die 5. Zehe, deren eine sehr kurz war, aber nicht

kürzer wie einzelne Phalangen an der 3. und 4. Zehe desselben
Exemplars; und wie an diesen beiden Zehen ist es die drittletzte
Phalange, die, wenn meine Annahme richtig ist, so kurz ge-
blieben war.

Nun schreibt Prof. Wiman p. 364: „Wenn ich Döderlein's
Anschauung nicht gekannt hätte, wäre es mir nach dem Aussehen der Platte gar nicht eingefallen, daß in der betreffenden
Flugzehe mehr wie 2 Phalangen vorhanden gewesen wären."
Dies Geständnis setzt mich in Erstaunen. Das kann doch gar
nichts anderes heißen, als daß W. das doch recht sonderbare
Vorhandensein der beiden Grübchen neben dem Flugfinger, das
nicht zu übersehen ist, gar nicht einmal einer Beachtung für
wert gehalten hätte! Nachdem aber ich nunmehr auf deren Bedeutung hingewiesen habe, sträubt sich W. offenbar gegen diesen
meinen Gedanken und erklärt die nicht wegzuleugnenden Zeichen
des Vorhandenseins von mehr als 2 Phalangen einfach als
„Artefakte", durch die ich mich hätte „täuschen" lassen.

Auch ich war ja zunächst höchst überrascht darüber, daß
Anurognathus 4 Phalangen an dieser Zehe gehabt haben soll,
nachdem alle bisher bekannten Pterosaurier angeblich nicht mehr
als höchstens 2 Phalangen daran besitzen. Ich fand aber eine
Erklärung dieses überraschenden Befundes in der Überlegung,
daß der Zustand des Hinterfußes bei den Archosauria (incl.
Aves) wie bei den Cotylosauria, Pelycosauria und Tocosauria ursprünglich der war, daß an der 5. Hinterzehe 4 Phalangen wohl ausgebildet waren, was sich auch bei zahlreichen
Tocosauria bis in die Gegenwart erhalten hat. Bei anderen
trat eine Reduktion der 5. Zehe ein, die z. B. bei den Vögeln
ganz verschwunden ist. Bei den Pterosauriern trat zunächst nur
eine Reduktion der Zahl der Phalangen ein, die dann bei Pterodactyloidea soweit ging, daß meist nur noch eine einzige ganz
rudimentäre Phalange nachzuweisen ist, die schließlich bei *Pteranodon* ganz fehlt.

Bei den in vieler Beziehung ursprünglicheren Rhamphorhynchoidea ist aber die Reduktion noch nicht soweit fortgeschritten,
so daß die bisher bekannten Formen sämtlich noch zwei mehr oder
weniger stark entwickelte Phalangen aufweisen. Nun zeigt aber

der neuentdeckte *Anurognathus*, daß es in dieser Gruppe auch
Formen gab, bei denen die ursprünglichen 4 Phalangen noch
alle vorhanden sind, so daß anzunehmen ist, daß die Reduktion
der Phalangenzahl erst innerhalb der Gruppe der Rhamphorhynchoidea eingetreten ist.

Der Unterschied zwischen meiner und Wiman's Anschauung
besteht darin, daß ich die mir unerwartete Tatsache in natürlicher
Weise zu erklären versucht habe, während Wiman glaubt besser
zu tun, wenn er dieselbe auch ihm unbequeme Tatsache einfach
als nicht vorhanden betrachtet.

Wiman behauptet zunächst, die beiden fraglichen Grübchen
bei *Anurognathus* seien zu scharf abgesetzt gegenüber dem übrigen
Teil der Knochen und könnten deshalb keine Gelenkgrübchen
sein. Ich kann das nicht ernst nehmen. Sodann erklärt er aber
„Die Grübchen sehen künstlich aus“ und überlegt „warum hier
eigentlich präpariert worden ist“. Nun ist aber gar nicht daran
präpariert worden.

Als mir seinerzeit die Platte durch Herrn v. Ammon über-
geben worden war, war keine Andeutung vorhanden, daß jemals
versucht worden wäre, mit einem Stichel oder einer Nadel die
Platte zu bearbeiten, um einzelne Skeletteile freizulegen. Wo
nachher daran präpariert wurde, ist es von meiner Hand geschehen.
Wenn die betreffenden Grübchen durch Präparation künstlich
entstanden wären, müßte das zu erkennen sein, und ihr Aussehen
müßte ein ganz anderes sein. Es würde aber auch gar keinen
Sinn gehabt haben, gerade an diesen Stellen Löcher in das Gestein
zu bohren. Wäre das wirklich geschehen, so wäre die äußerst
spröde Flugfingerphalange, die die Grübchen von einander trennt,
aufs höchste gefährdet gewesen, und die Platte hätte als Schaustück und als wissenschaftliches Objekt Schaden gelitten. Die
Grübchen sind zweifellos die natürlichen Mulden von kristallini-
schen Konkretionen, die beim Ablösen der Gegenplatte mit
herausgehoben wurden. Wiman's Behauptung, die Grübchen seien
Artefakte, ist eine willkürliche, den Tatsachen widersprechende
Annahme.

Nachdem aber Wiman diese Behauptung einmal aufgestellt
hatte, legte ich meinem Freund Prof. Broili die Platte vor und
bat ihn um seine Ansicht darüber. Broili hat mich nun aus-

drücklich zu der Mitteilung ermächtigt, daß nach seiner Überzeugung bei diesen Grübchen von Artefakten gar keine Rede sein
kann, und ferner, daß die Deutung, die ich diesen Erscheinungen
gab, auch nach seiner Ansicht z. Z. als die einzig mögliche Erklärung für das Vorhandensein der Grübchen anzusehen ist.

Gewiß ist damit der Besitz von mehr als zwei Phalangen
an der 5. Zehe von *Anurognathus* noch nicht endgültig bewiesen.
Das wird erst der Fall sein, wenn wir einmal an einem anderen
Exemplar von *Anurognathus* oder auch einem anderen Pterosaurier
diese Zahl der Phalangen tatsächlich vor Augen bekommen. Bis
dahin hat aber meine Annahme die Wahrscheinlichkeit für sich.
Jedenfalls möchte ich die Methode von Wiman, solche schwierige
Fragen zu lösen, nicht für empfehlenswert halten.

„Berichtigungen und Ergänzungen" durch Prof. Petronievics.

In einer kleinen Schrift bespricht auch Prof. Petronievics[1])
meine Mitteilungen über *Anurognathus*. Während eines zweimaligen
Aufenthalts in München hat er das Original näher untersucht
und glaubt nun einige Punkte gefunden zu haben, in denen er
meine Angaben berichtigen und ergänzen kann. Auch hier kann
ich nach erneuter Prüfung mit aller Bestimmtheit erklären, daß
meine Angaben den Tatsachen vollständig entsprechen, die davon
abweichenden des Herrn P. jedoch nicht.

Zunächst bemängelt Petronievics meine Angaben über die
Lage der Extremitäten. Ich hatte festgestellt, daß „die linken
Extremitäten nach der rechten, die rechten nach der linken
Hälfte der Platte ausgebreitet" liegen. P. (p. 215 u. 216) „glaubt
dieser Behauptung widersprechen zu können" und schreibt: „Ich
kann keinen ernsten Grund auffinden, der uns berechtigte, die
links liegende Hinterextremität für die rechte und die rechts
liegende für die linke zu erklären"; „dasselbe gilt auch für die
Vorderextremitäten". Trotzdem sind meine Angaben ganz richtig,
und ich kann mein Erstaunen darüber nicht unterdrücken, wie
es überhaupt möglich ist, nach Betrachtung des Originals zu
einer anderen Meinung über die Lage der Extremitäten zu kommen,

---

[1]) B. Petronievics 1928, Bemerkungen über *Anurognathus*, Döderlein.
Anatom. Anzeiger, Bd. 65, p. 214—222.

als ich sie ausgesprochen habe. Denn bei der Fossilisation des Tieres ist der Zusammenhang des Skelettes vollständig gewahrt geblieben, das Skelett liegt ganz übersichtlich da, und die Orientierung besonders auch der Extremitäten macht fast keine Schwierigkeiten und ist einfach und klar. Man muß nur berücksichtigen, daß einzelne Teile in der Gegenplatte geblieben sind, deren Lage sich aber mit völliger Sicherheit noch feststellen läßt. Bei unbefangener Betrachtung kann gar kein Zweifel über die Orientierung entstehen. Es würde ein leichtes sein, einer toten Fledermaus oder einem Vogel die Stellung zu geben, in der unser *Anurognathus* sich auf der Platte darbietet.

Der Rumpf mit Hals und Kopf liegt ganz auf seiner linken Seite, der Bauch nach rechts, der Rücken nach links gerichtet. Die rechte Hälfte des Beckens mit dem rechten Acetabulum erhebt sich beträchtlich über die Ebene der Platte. Das linke Acetabulum liegt gerade darunter in der Tiefe der Platte. Von beiden Femora sind ihre distalen Hälften mit dem Kniegelenk sehr deutlich. Entweder der Knochen selbst oder die Mulde, in der er lag, sind zu sehen, so daß man die Richtung von jedem Femur vom Knie bis zu seinem Acetabulum mit größter Sicherheit feststellen kann. Es ist nun das nach der linken Seite der Platte, also dorsalwärts gerichtete Femur, das nach dem rechten Acetabulum strebte und sich mit seinem proximalen Teil über die Ebene der Platte erhob, was zur Folge hatte, daß er mit der Gegenplatte verloren ging. Das nach der rechten Seite der Platte, also ventralwärts gerichtete Femur verschwindet mit seiner proximalen Hälfte unter dem Becken in der Tiefe der Platte und steht jedenfalls mit dem linken Acetabulum noch in Verbindung. Man würde es herauspräparieren können, wenn man das Becken abtragen würde. Die auf der linken Seite der Platte liegende hintere Extremität ist also die rechte, die auf der rechten Seite liegende die linke, wie ich es festgestellt hatte!

Ähnlich ist es auch bei den vorderen Extremitäten. Zu dem auf der linken Seite der Platte, also dorsalwärts liegenden Flügel gehört ein Humerus, der ganz oberflächlich über dem vorderen Teil der Rückenwirbelsäule lag, so daß er deren Neurapophysen bedeckte. Der Knochen des Humerus selbst ist mit der Gegenplatte zum größten Teil beseitigt, so daß für seinen ganzen proximalen Teil nur noch eine seichte Mulde die Stelle bezeichnet, wo er lag. Der Boden dieser Mulde zeigt deutlich die Spuren der Neurapophysen, die also unter dem Humerus lagen, nicht über ihm, wie es P. gesehen haben will. Dieser Humerus befand sich noch ungefähr an der gleichen Stelle, die er im Leben eingenommen hatte, parallel zur Rückenwirbelsäule auf deren rechter Seite. Es ist zweifellos der Humerus des rechten Flügels, der dorsalwärts sich ausgebreitet hat.

Der andere, der linke Flügel ist die einzige Extremität, die sich mit dem entsprechenden Teil des Schultergürtels aus der natürlichen Lage etwas verschoben hat und zwar ventral- und caudalwärts. Wo sie aber von anderen Skeletteilen überkreuzt wird, liegt sie stets unter diesen. Schon daraus läßt sich mit größter Wahrscheinlichkeit schließen, daß es der linke Flügel ist, der auch natürlich zu unterst liegen mußte. So liegt der rechte Ober- und Unterarm über den Fingern der linken Hand, der Kopf bzw. das linke Dentale und Maxillare über dem linken Flugfinger, die linke Tibia über dem linken Ober- und Unterarm. Petronievics gibt nun auch von der Tibia und dem Dentale merkwürdigerweise gerade das Gegenteil an. Die fehlenden Skeletteile sind die oberflächlich gelegenen, die mit der Gegenplatte abhanden gekommen sind und höchstens noch seichte Mulden hinterlassen haben, in denen sie einstens lagen, so ein Teil des rechten Femur und des rechten Humerus mit dem ganzen rechten Schultergürtel, die letzten Halswirbel, die linke Tibia und fast der ganze Kopf.

Die Extremitäten liegen so, wie wenn das Tier mit ausgebreiteten Extremitäten auf dem Rücken lag und dann nur Rumpf und Kopf sich auf ihre linke Seite gedreht hatten. Füße und Hände liegen mit der Plantarfläche nach oben. So kommt es, daß an allen 4 Extremitäten die äußeren Finger und Zehen dem Rumpf abgewendet, Pollex und Hallux dem Rumpf zugewendet sind.

Ferner spricht Petronievics l. c., p. 217 von einem „Abdruck der Prämaxilla", die er als noch kürzer als die von mir rekonstruierte bezeichnet, und die ich übersehen haben soll. In der Tat liegt da, wo das Prämaxillare zu suchen wäre, eine auffallende, glatte, kantige Erhebung des Gesteins. Aber alle meine

Bemühungen, auch nur die Spur des Abdrucks von einem Knochen daran zu finden, waren früher und sind jetzt noch vergeblich geblieben. Es ist eben nur eine nicht genauer zu erklärende Unebenheit der Platte, wie sie auch an anderen Stellen auftritt. Aber daß man daraus auf die Form der Schnauze schließen könnte, oder daß darauf ein Abdruck des Prämaxillare zu entdecken wäre, davon kann gar keine Rede sein. Zwischen Maxillare und Prämaxillare müßte doch die Nasenöffnung sich finden, aber auch nicht die leiseste Andeutung ihrer vorderen Grenze ist zu entdecken. Der angebliche Abdruck des Prämaxillare existiert tatsächlich nicht.

Ich muß meine Rekonstruktion der Schnauze bzw. des Prämaxillare immer noch für durchaus richtig halten, da sie auf Grund sichtbarer Tatsachen von mir hergestellt worden ist. Nachdem ich die nadelstichartigen Eindrücke der acht gleichweit von einander entfernten Zahnspitzen der rechten Unterkieferhälfte entdeckt hatte, stand die Länge des bezahnten Teils des Dentale fest. Ebenso lang mußte das Maxillare und das Prämaxillare zusammen sein. Etwa die Hälfte dieser Länge weist der vorhandene Abdruck des Maxillare auf. Die gleiche Länge etwa mußte daher auch das Prämaxillare haben. Sehr wahrscheinlich besaßen sie zusammen ebenfalls auch die gleiche Zahl von acht Zähnen, also das Prämaxillare vier, wie in der Regel bei den Rhamphorhynchoidea.

Hier möchte ich noch die Bemerkung machen, daß es nicht ausgeschlossen ist, daß das Maxillare von *Anurognathus* an der Stelle, wo der Eindruck seines Knochens auf der Platte sein hinteres Ende erreicht, noch einen hintersten 5. Zahn besessen hat. Denn ein schwacher Eindruck auf dem Gestein rührt möglicherweise von der Krone eines solchen Zahnes her. Es lassen sich aber keine Spuren seiner Wurzel nachweisen oder solche, die auf eine Verlängerung des Maxillare über diese Stelle hinaus hinweisen.

Über die Funktion der 5. Zehe kennt Petronievics nur zwei Alternativen. Sie soll entweder zur Spannung der Flügelhaut oder zur Spannung des Uropatagiums gedient haben. Auch Wiman 1928, p. 365 (l. c.) behauptet: „Diese Funktion kann keine andere gewesen sein als das Uropatagium zu spannen". Ich kann mir noch eine 3. Möglichkeit denken, und nehme sie tatsächlich auch an:

Die 5. Zehe spannt weder die Flügelhaut noch ein Uropatagium und beteiligt sich nur an der die fünf Zehen des Hinterfußes verbindenden Fußflughaut. Ich kann mir sehr wohl vorstellen, daß der Hinterfuß bei *Anurognathus* gar nicht in Verbindung stand mit den anderen Flughäuten, sondern völlig frei und selbständig war. So konnte er mit seiner breiten, zwischen den fünf weitgespreizten Zehen ausgespannten Flughaut ein äußerst wirksames Steuerorgan darstellen, das sowohl ein vortreffliches Höhen- wie Seitensteuer war und für plötzliche Wendungen im rasenden Flug mir besonders geeignet scheint. Gerade die ungewöhnlich lange 5. Zehe, die bereits von der Fußwurzel an abgespreizt war, trug zur Vergrößerung der Fußflughaut außerordentlich viel bei und konnte, da sie wahrscheinlich gegenüber dem übrigen Fuß sich sehr selbständig bewegen konnte, zur zweckmäßigen Einstellung dieses Fußsteuers sehr viel beitragen.

Auch Broili[1] 1927, p. 63 läßt bei seiner Rekonstruktion des *Rhamphorhynchus Gemmingi* die Hinterfüße mit ihrer Schwimm- oder Flughaut völlig frei wie bei Schwimmvögeln. Im Gegensatz zu *Anurognathus* spielt hier aber die 5. Zehe eine weniger bedeutende Rolle. Gern nehme ich übrigens die Ansicht von Wiman 1928, p. 366 (l. c.) auch für *Anurognathus* an, daß die natürliche Stellung der Hinterfüße während des Fluges eine mehr vertikale war. Vgl. dazu auch Wiman[2]).

Wenn Petronievics (l. c., p. 222) das hohe Flugvermögen von *Anurognathus* bezweifelt, möchte ich doch die Frage aufwerfen, ob ihm dabei nicht die Tatsache zu denken gibt, daß bei *Anurognathus* keiner der drei langen Flügelknochen, die bei ihm bekannt sind, Humerus, Radius und 1. Phalange, an relativer Länge von irgendeinem der übrigen Pterosaurier übertroffen wird, und daß die Gesamtlänge dieser drei Knochen relativ beträchtlich größer ist als bei den besten anderen Fliegern unter den Pterosauriern. Läßt sich wohl aus dieser Tatsache ein anderer Schluß ziehen als der, den ich gezogen habe, daß nämlich *Anurognathus*

---

[1]) F. Broili, 1927 Ein Exemplar von *Rhamphorhynchus* mit Resten von Schwimmhaut. Sitzb. d. Bayer. Ak. d. Wiss., Jahrg. 1927, p. 29—48, Taf. 1—3 und 7, Fig. 2.

[2]) C. Wiman 1924, Über *Dorygnathus* und andere Flugsaurier. Bull. of the Geol. Instit. of Upsala, Vol. 19, p. 23—54, Taf. 1—2.

ein ungewöhnlich hohes Flugvermögen besessen haben muß? Und
dazu kommen noch die besonders mächtigen Steuervorrichtungen
an beiden Hinterfüßen!

Gegenüber einigen Angaben von Petronievics auf p. 218
möchte ich noch feststellen, daß auch bei *Pterodactylus* die vordersten Rippen zweiköpfig sind. Wenigstens bei *Pt. Kochi* und
Pt. dubius kann man das einwandfrei beobachten.

Ferner gibt es nach meiner Erfahrung keinen Unterschied
zwischen den verschiedenen Pterosauriern bezüglich der Zusam-
mensetzung ihrer Bauchrippen. Diese bestehen stets aus einem
winkelförmig geknickten Mittelstück, dem sich jederseits ein stab-
förmiges Seitenstück anschließt. So ist es bei *Pterodactylus* und
Anurognathus und nicht anders bei *Rhamphorhynchus*. Allerdings
wissen manche Autoren Bauchrippen (Gastralia) und wirkliche
Rippen nicht recht zu unterscheiden, da sie auf den Platten gewöhnlich durcheinander liegen, obwohl es ganz heterogene Bildungen sind. Die Bauchrippen stellen den Rest des ursprünglichen Schuppenkleides, des Bauchpanzers der Stegocephalen, dar
und überdecken die unter ihnen liegenden Rippen. Sie sind stets
ganz solid, während die Rippen der Pterosaurier pneumatische
Räume oder wenigstens spongiöse Struktur zeigen. Die einzelnen
Teile der Bauchrippen enden gern mit einer scharfen Spitze,
während die Rippen in der Regel ein abgerundetes oder abge-
stutztes distales Ende zeigen. Die merkwürdigen gezackten Platten,
die man bei *Rhamphorhynchus* beobachtet, stellen die schwach
verknöcherten distalen Endstücke der hinteren Rippen dar.

Der Carpus bei Pterosauriern.

Nach dem Abschluß meines Manuskripts erhielt ich Kenntnis
von dem eben erschienenen Bericht von Professor Achille Salée[1])
in Löwen über *Dorygnathus*. Salée bespricht darin ausführlich
den Bau des Carpus von *Dorygnathus* und anderen Pterosauriern.
Er kommt dabei zu dem Ergebnis, daß bei sämtlichen Rhampho-

---

[1]) Achille Salée 1928, L'exemplaire de Louvain de *Dorygnathus
banthensis* Theodori sp. Mémoirs de l'Institut géologique de l'Université de
Louvain, Tome 4, p. 289—341, Taf. 12.

rhynchoidea, deren Carpus bekannt ist, dieser aus 4 Elementen zusammengesetzt ist, nämlich:

Ein einziges großes proximales Carpale 1 mit Gelenk für Radius und Ulna.

Ein großes distales Carpale 2 für das mächtige Metacarpale des Flugfingers.

Ein kleineres distales Carpale 3 auf der radialen Seite, das die 3 Krallenfinger trägt und an C 1 und C 2 grenzt, aber den Radius nicht berührt.

Ein weiteres kleines distales Carpale 4 auf der ulnaren Seite, das an C 1, C 2 und das große Metacarpale grenzt.

Das Pteroid grenzt an C 1 und C 3.

Salée behauptet ferner, daß auch bei sämtlichen Pterodactyloidea nur ein einfaches großes Carpale in der proximalen Reihe nachgewiesen ist.

Daß mit diesen Angaben von Salée meine Angaben (1923, p. 137, Fig. 6) über den Carpus von *Anurognathus* nicht ganz übereinstimmen, wäre leicht zu verstehen, da auf der Originalplatte von *Anurognathus* die Carpalia selbst gar nicht mehr vorhanden sind, sondern nur die schwachen Eindrücke der dorsalen Oberfläche des linken Carpus sich erkennen lassen. Danach (Fig. 11) ist von Salée's C 4 bei *Anurognathus* überhaupt nichts zu sehen. In der proximalen Reihe glaubte ich aus einer nur bei geeigneter Beleuchtung erkennbaren schwachen Leiste auf eine Naht schließen zu dürfen, die statt eines einzigen proximalen Carpale (C 1 nach Salée) deren zwei Komponenten, ein Radiale und Ulnare vermuten ließ. Die sehr geringe Länge dieser beiden innig verbundenen Carpalia brachte ich auch in meiner Figur 6 zum Ausdruck. Diese Darstellung ist auch zweifellos richtig, wenn auch auf der Originalplatte der ganze Knochen eine größere Länge zeigt. Denn hier wird außer der sehr kurzen Dorsalfläche der beiden Komponenten auch ihre hohe distale Gelenkfläche (mit dem distalen C 2) zum großen Teile sichtbar. Ob die Trennung des Radiale vom Ulnare wirklich bei meinem Exemplar bestand, darüber läßt sich natürlich etwas Bestimmtes nicht aussagen. Im übrigen gibt meine Figur das, was vom Carpus des *Anurognathus* erkennbar ist, ganz richtig wieder.

Ich suchte nun an den Exemplaren von *Rhamphorhynchus* in der Münchner Sammlung über den Bau des Carpus Aufschluß zu erhalten. Für *Rh. Gemmingi* erlaubte aber nur der bereits von Plieninger[1]) 1901, p. 72 abgebildete, von Salée p. 315, Fig. 12 wiedergegebene Carpus von Leik's Exemplar (Nr. 1885) einige sichere Beobachtungen (Fig. 14). Ich möchte daraus schließen, daß das große, angeblich einheitliche, proximale Carpale tatsächlich durch eine Naht in ein Radiale und Ulnare getrennt ist. Auf der radialen Seite ist ein kleines distales Carpale (C 3 nach Salée) sehr deutlich,

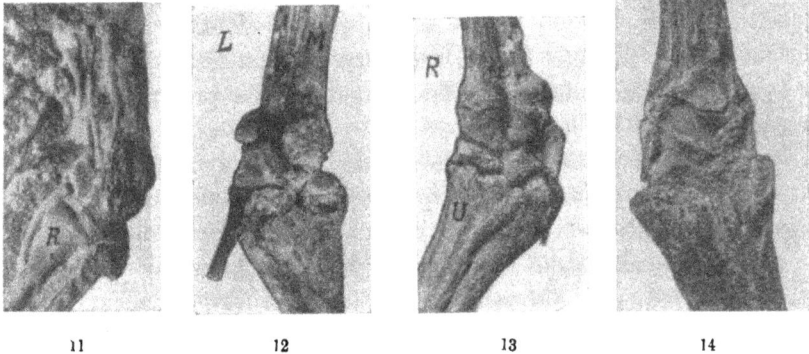

Fig. 11. Linker Carpus von *Anurognathus Ammoni* × 2. R = Radius, M = Metacarpus des Flugfingers.

Fig. 12 u. 13. Linker (L) und rechter (R) Carpus von *Rh. longicaudus*, Zittel's Exemplar (Taf. 11) × 4 U = Ulna, M = Metacarpus des Flugfingers.

Fig 14. Carpus von *Rhamphorhynchus Gemmingi* (Leik's Sammlung) × 1.3.

an das sich proximal das kurze Pteroid anschließt. An C 3 stößt unmittelbar das große distale Carpale des Flugfingers (C 2). Auf dessen ulnarer Seite sind aber die Verhältnisse so unübersichtlich durch Brüche und das Dazukommen darunterliegender anderer Knochen, daß ein einwandfreies Bild sich hier nicht gewinnen läßt.

Dagegen zeigt das von Zittel 1882 (Taf. 11) beschriebene Exemplar von *Rh. longicaudus* trotz seiner geringen Größe ein sehr übersichtliches Bild des ganzen Carpus (Fig. 12 u. 13), das sich

---

[1]) F. Plieninger 1901, Beiträge zur Kenntnis der Flugsaurier. Palaeontographica, Bd. 48, p. 65—90, Taf. 4—5.

allerdings ganz anders darstellt, als es die Figur von Arthaber[1]) 1919 (p. 44, Fig. 30) und Salée (Fig. 15) vermuten läßt. Sowohl der rechte wie der linke Carpus zeigen deutlich und übereinstimmend den gleichen Bau, wenn auch die Größe der einzelnen Knochen entsprechend der verschiedenen Lage der beiden Handwurzeln einige Verschiedenheit aufweist. An beiden Händen ist der proximale Teil des Carpus ganz übereinstimmend und zweifellos durch zwei wohlgetrennte Carpalia dargestellt, ein gesondertes Radiale und ein Ulnare. Auf der radialen Seite findet sich zwischen dem Radiale und den drei kleinen Metacarpalia ein größeres Carpale (C 3 nach Salée), das proximal das Pteroid, distal aber noch ein besonderes kleines Carpale trägt. Zwischen Ulnare und dem Metacarpale des Flugfingers liegt das große distale Carpale (C 2 nach Salée). Von Salée's C 4 ist aber auf der ulnaren Seite keine Spur vorhanden weder am rechten noch am linken Carpus.

Auch an den Exemplaren von *Pterodactylus* der Münchner Sammlung konnte ich genaue Beobachtungen über den Bau des Carpus machen. Das von H. v. Meyer 1860 beschriebene und Taf. 3, Fig. 1 abgebildete Exemplar von *Pt. Kochi* zeigt (Fig. 15) einen sehr gut erhaltenen Carpus (vgl. Plieninger 1901, Taf. 4 und Arthaber[1]) p. 45, Fig. 31 u. 32). Hier nimmt ein anscheinend einheitliches proximales Carpale die ganze Breite der Enden von Radius und Ulna ein, ohne daß noch ein sicheres Anzeichen zu finden ist, daß es aus 2 Elementen verwachsen ist. Die distale Reihe der Carpalia besteht aus drei ansehnlichen Knochen nebeneinander, von denen der größte auf der ulnaren Seite den Flugfinger trägt, der mittlere die kleineren Finger; der äußerste auf der radialen Seite trägt proximal das Pteroid.

Sehr ähnlich ist auch der Bau des Carpus an beiden Extremitäten des schon von Collini und Cuvier, dann auch von H. v. Meyer 1860, p. 28, Taf. 2, Fig. 1 beschriebenen Exemplars von *Pt. longirostris*, wo er beiderseits ganz vorzüglich erhalten ist (Fig. 16 u. 17). Aber im Gegensatz zum Carpus von *Pt. Kochi* besteht hier die proximale Reihe der Carpalia aus zwei sehr deutlich von

---

[1]) G. Arthaber 1919, Studien über Flugsaurier auf Grund der Bearbeitung des Wiener Exemplars von *Dorygnathus banthensis*. Denkschr. d. Akad. d. Wiss. Wien. Math.-Nat. Kl. Bd. 97, p. 1—74, Taf. 1—2.

einander getrennten Knochen, die dem Radiale und Ulnare entsprechen. Die distale Reihe zeigt auch hier jederseits 3 Carpalia

sehr deutlich, die an der linken Extremität
sich übersichtlich neben einander in ziemlich
natürlicher Anordnung zeigen, wobei das
Carpale des Flugfingers als das größte erscheint. Die Anordnung erinnert ganz an die
bei *Rhamphorhynchus longicaudus* (s. o.). Das
Pteroid ist seitlich verschoben. An der rechten
Extremität sind zwei große distale Carpalia noch
in ursprünglicher Verbindung mit den Metacarpalia. Ein kleineres drittes Carpale dürfte
verschoben sein, ebenso das Pteroid. Sie
grenzen jetzt an die beiden Seiten des Flug-
fingercarpale.

Fig. 15. Linker Carpus von
Pterodactylus Kochi, H. v.
Meyer's Exemplar (Taf. 3,
Fig. 1). U = Ulna, M =
Metacarpus des Flugfingers.
× 2.3.

Gegenüber der Angabe von Salée, daß
bei sämtlichen Pterosauriern ein einziges
größeres Carpale die proximale Reihe des

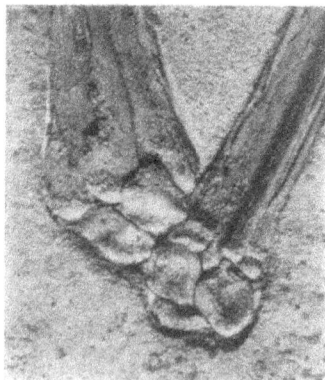

Fig. 16 (l)   Fig. 17 (r)

Fig. 16 u. 17.   Rechter (r) und linker (l) Carpus von *Pterodactylus longirostris*, Collinis Exemplar. × 3.

Carpus darstellt, zeigen also meine Beobachtungen, daß es sowohl
bei *Rhamphorhynchus* wie bei *Pterodactylus* Arten gibt, bei denen
Radiale und Ulnare noch vollständig voneinander getrennt sind.
Daneben gibt es offenbar Arten, bei welchen man die ursprüngliche Trennung der beiden Knochen mit Mühe noch äußerlich

nachzuweisen vermag, indem noch Spuren von Nähten sichtbar sind. Dazu gehört wohl auch *Anurognathus*. Andere Arten zeigen die beiden Knochen vollständig verwachsen, wie es Salée bei *Dorygnathus* fand.

In der distalen Reihe finden sich stets zwei größere Carpalia nebeneinander, die die Metacarpalia tragen. Das der radialen Seite kann distal noch ein kleineres Carpale tragen, proximal schließt das Pteroid hier an.

Tafelerklärung

Tafel IV. *Anurognathus Ammoni* Död. aus dem lithograph: Schiefer von Franken. Linke Seite der Platte mit Rumpf und rechten Gliedmaßen. × 1.5.

Tafel V. *Anurognathus Ammoni.* Rechte Seite der Platte mit Kopf, Rumpf und linken Gliedmaßen. × 1.5

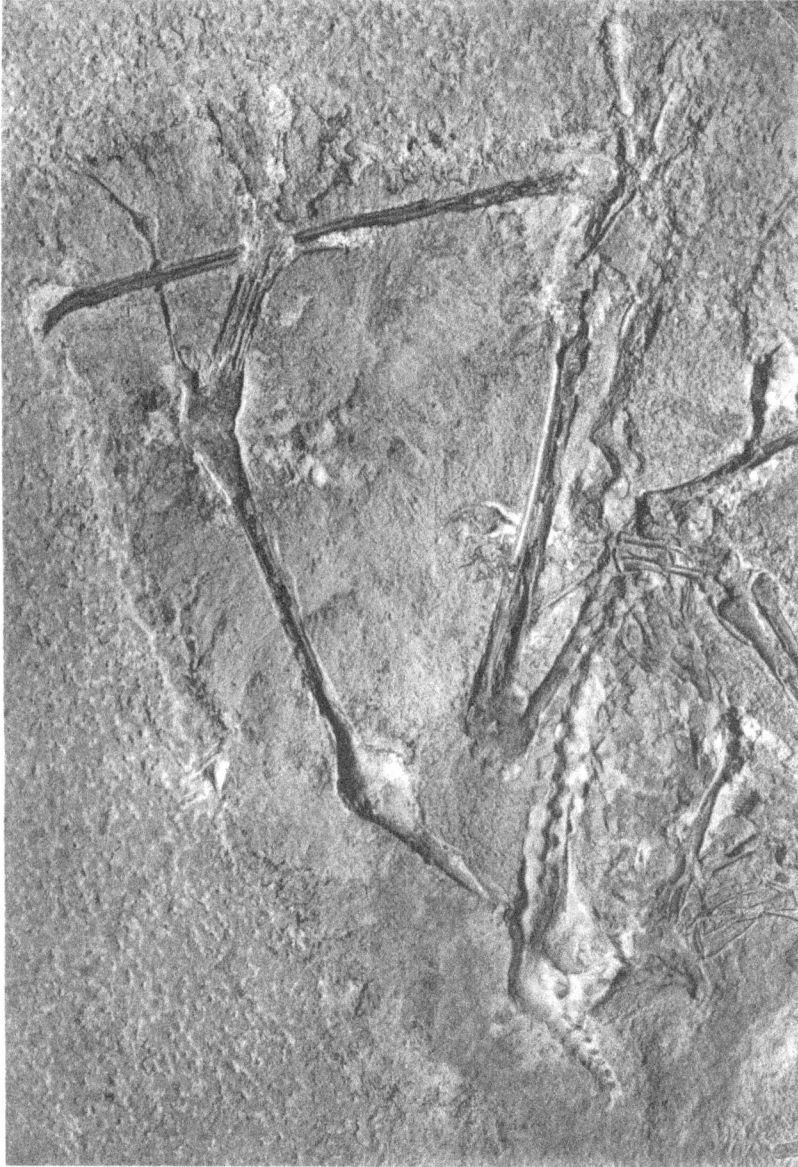

Ein Pterodactylus mit Kehlsack und Schwimmhaut.

Von **Ludwig Döderlein** in München.

Mit Tafel III, unten und mit 7 Textfiguren.

Vorgetragen in der Sitzung am 15. Dezember 1928.

In einer seiner Schriften über Flugsaurier erwähnt v. Stromer[1]) 1913, p. 51, daß ihm „Professor v. Ammon den Kopf und Hals eines langschnauzigen *Pterodactylus* zeigte, an welchem Teile der Haut erhalten sind, dabei anscheinend ein Kehlsack". Einige Zeit vor seinem Tode übergab mir Herr Oberbergdirektor Ludwig v. Ammon dieses interessante Stück, eine Platte aus dem lithographischen Schiefer von Solnhofen, mit der Bestimmung, daß sie später der Paläontologischen Staatssammlung in München einverleibt werden soll.

Auf dieser Platte (Taf. 3, Fig. 2) sind Kopf und Hals eines *Pterodactylus* in seitlicher Lage in tadellosem Zusammenhang, noch deutlich von den Resten der Weichteile umgeben, zu sehen. An sie anschließend finden sich noch weitere fast unbestimmbare, in Kalkspat umgewandelte Skelettreste vor, die dem folgenden Teil der Wirbelsäule und z. T. wenigstens dem Schultergürtel und dem Humerus angehören dürften. Dahinter ist die Platte leider abgebrochen. Dagegen ist isoliert davon noch der rechte Hinterfuß von der Plantarseite in ganz ausgezeichnetem Zustand mit seinen Weichteilen auf der Platte vorhanden.

Der Schädel, der in seiner ganzen Länge erkennbar ist, mißt von der Schnauzenspitze bis zu seinem Hinterrand 84 mm, der ebenfalls vollständige Unterkiefer hat eine Länge von 70 mm. Im übrigen sind beide nur lückenhaft erhalten. Hinter der Orbita ist der Ausguß der Gehirnkapsel sichtbar in Gestalt einer glatten,

---

[1]) E. v. Stromer 1913, Rekonstruktionen des Flugsauriers *Rhamphorhynchus Gemmingi* H. v. M. Neues Jahrb. f. Min., Geol. u. Pal., Jahrg. 1913, Bd. 2.

in der Mitte etwas eingeschnürten, birn- oder krallenförmigen Anschwellung. Von Zähnen (Fig. 18) sind oben wie unten je zwölf in einer Reihe gut zu erkennen. Auf der linken Unterkieferhälfte stehen sie in regelmäßigen Abständen, vorn etwas gedrängter als hinten, und nehmen von der Schnauzenspitze an eine Strecke von 30 mm ein. Diese Unterkieferzähne stehen sämtlich aufrecht, die vorderen sind schlanker mit kreisrundem Querschnitt, weiter hinten

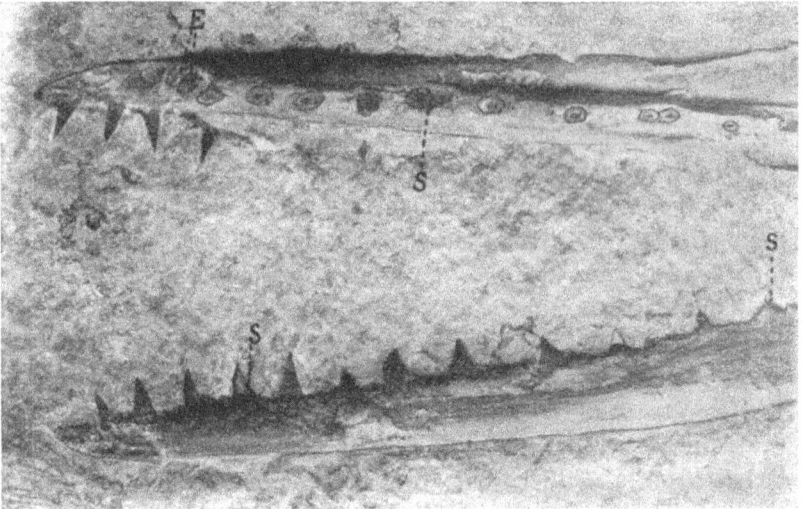

Fig. 18. Bezahnung des Ober- und Unterkiefers von *Pterodactylus cormoranus* n. sp. Die Zähne sind z. T. ergänzt. Die vier vollständigen oberen Zähne sind die der rechten Seite, die ab-gebrochenen übrigen die der linken Seite. E = zwei noch nicht durchgebrochene Ersatzzähne, S = Spitzen von Ersatzzähnen. × 3.2.

werden sie plumper, und ihr ovaler Querschnitt wird allmählich etwa doppelt so lang als breit. Die hintersten sind kleiner und niedriger als die vorderen; es ist unwahrscheinlich, aber nicht ganz ausgeschlossen, daß die Zahnreihe sich nach hinten noch etwas fortsetzt. Die ganze Bezahnung entspricht der von *Pt. Kochi*, die Zähne sind aber entschieden schwächer. Auch über den Zahn-wechsel gibt das Stück Aufschluß, indem sowohl oben wie unten unmittelbar hinter einem der großen Zähne die Spitze eines neuen Zahnes sichtbar wird, die sich innig an jenen Zahn anlegt, dessen halbe Höhe sie erreicht. Die oberen Zähne in gleicher Gestalt und gleicher Ausdehnung sind meist an ihrem Alveolarrand abgebrochen und lassen eine ziemlich weite Pulpahöhle erkennen. Über dem 3. u. 4. oberen Zahn sind deutlich noch drei Ersatzzähne in horizontaler Lage sichtbar, die noch völlig vom Knochen umschlossen sind.

Von den Halswirbeln ist der 2. zur Hälfte abgebrochen und nicht scharf von dem kurzen Atlas zu unterscheiden. Zusammen haben die beiden eine Länge von 4.5 mm. Ebenso viel beträgt auch die Höhe des Epistropheus. Der 3. Halswirbel ist 10 mm lang und 4.5 mm hoch. Die folgenden vier Wirbel sind 13, 14, 13, 11 mm lang und 5 mm hoch. Ihr ventraler Rand ist konkav, besonders stark der des letzten, ihr dorsaler Rand mit wenig ausgesprochenen Neurapophysen leicht konvex. Diese fünf verlängerten Halswirbel bilden einen nach oben offenen halbkreisförmigen Bogen. Die folgenden Wirbel sind wahrscheinlich 11, 6, 5, 5, 5 mm lang, ihre Umrisse aber nicht sicher festzustellen. Sie liegen in der fast geraden, dorsal wenig konvexen Fortsetzung des 7. Halswirbels. Der Schädel bildet mit den drei ersten Halswirbeln einen etwas mehr als rechten Winkel.

Sehr klar sind die Eindrücke der beiden feinen stabförmigen Zungenbeine zu erkennen, die etwas hinter dem Unterkiefergelenk beginnen, nach vorn konvergieren und in einer Länge von 15 mm sichtbar sind. Ihre Copula ist nicht mehr zu beobachten.

Von ganz besonderer Merkwürdigkeit ist nun bei diesem Exemplar die wunderbare Erhaltung von Spuren ihrer Weichteile im ganzen Bereich des Halses und der Unterseite des Kopfes. In überraschender Deutlichkeit sind die Umrisse des ganzen Halses sichtbar bis zum Ende der Platte, wo die Bauchseite des Rumpfes zu erwarten wäre. Diese Umrisse, die sowohl ventral wie dorsal von der Halswirbelsäule zu erkennen sind, ergeben eine Dicke, bzw. Höhe des Halses von 13—16 mm. Die Weichteile sind dargestellt durch eine ziemlich glatte Fläche von gelblicher Farbe, die von der umgebenden mehr grauen und viel raueren Oberfläche des Gesteins durch eine schwache, aber meist recht deutliche Furche abgegrenzt ist. Dorsal beginnen ihre Umrisse am Hinterhaupt und verschwinden nach dem 7. Halswirbel. Sie sind über dem 4. und 5. Halswirbel am weitesten von den Wirbeln entfernt. Ventral vom 6. und 7. Halswirbel entfernen sie sich sehr weit von diesen. Unter dem 5. Halswirbel sind sie diesem sehr genähert, entfernen sich aber nach vorn

immer weiter von den Wirbeln, bis sie ventral von der
Schädelbasis 15 mm Abstand haben. Unterhalb des Unterkiefer-
gelenks und weiter nach vorn hat sich offenbar die dünne, glatte,
gelbliche Schicht, die die Weichteile darstellt, abgelöst, so daß die
rauhe Oberfläche des Gesteins sichtbar wird, die hier eine Ein-
buchtung macht. Gegen die Mitte des Unterkiefers zu tritt aber
diese gelbliche glatte Schicht wieder in einer Breite von 7—8 mm
auf, um in einer Entfernung von 35 mm hinter der Spitze des
Unterkiefers ganz zu verschwinden.

Es kann nun kaum ein Zweifel sein, daß diese so angedeu-
teten Weichteile auf eine anscheinend völlig nackte Haut schließen
lassen, die den Hals dieses *Pterodactylus* allseitig umgab und so
auch wenigstens ventral auf den Rumpf überging. Die starke
ventrale Ausbreitung dieser nackten Haut unterhalb des hinteren
Teils des Kopfes läßt nun, wie schon v. Stromer richtig erkannt
hat, in der Tat auf das Vorhandensein eines wohlausgebildeten
Kehlsacks schließen, wie er z. B. beim Kormoran und in besonders mächtiger Ausbildung beim Pelikan bekannt ist. Allerdings
bedeutet dieser sogenannte Kehlsack nichts weiter als eine sehr
ausdehnbare weiche und nackte Kehlhaut unter dem Schlund,
die den Durchgang von verhältnismäßig sehr großen Bissen ge-
stattet, aber keinen eigentlichen abschließbaren Sack bildet, der
etwa zur längeren Aufbewahrung und Vorverdauung von Beute-
tieren dient wie der Kropf. Er spannte sich zwischen den beiden
Unterkieferästen aus, wo er sofort hinter deren Symphyse begann, und
erstreckte sich bis zum Ende des 3. Halswirbels. Die Unterbrechung
unter dem Ende des Unterkiefers, die der Kehlsack bei unserem Fossil
zeigt, ist sicher nur auf eine gewaltsame Entfernung der betreffenden
gelblichen Schicht zurückzuführen. Es wäre ja sonst auch kaum zu
erklären, daß das vordere Ende der Zungenbeine mit der Copula
gerade an dieser Stelle aus der Haut hervorragt, von der sie
doch eingeschlossen sein müßten, wenn die Kehlhaut in ihrer
ganzen Ausdehnung noch unverletzt vorhanden wäre.

Auch über der Stirn oberhalb der Orbita zeigen sich
unverkennbar ähnliche Reste von Weichteilen wie unter dem
Unterkiefer, doch in viel geringerer Ausdehnung. Man kann an
dieser Stelle einen fleischigen, hahnenkammartigen Auswuchs
annehmen. Er hatte aber jedenfalls eine größere Ausdehnung

als es die spärlichen Reste anzeigen. Vermutlich bildet auch hier
eine schwache Furche, die um diese Stelle sich herumzieht, die
Grenze, bis wohin dieser Kopfschmuck sich erstreckte.

Die Lebensweise und Ernährung der Flugsaurier rückt durch
diese Beobachtung in ein besonderes Licht. Wo wir bei Vögeln
einen derartig umfangreichen Kehlsack antreffen, handelt es sich
wohl stets um ausgesprochene Fischfresser, die verhältnismäßig
große Fische erbeuten und verschlucken können und vielleicht
in ihrem Kehlsack ein Magazin besitzen zur ganz vorübergehenden
Aufspeicherung der Beutetiere, was auch bei Fütterung der Jungen
diesen zugute kommen mag. Nachdem durch den Nachweis einer
haarartigen Körperbedeckung bei den Flugsauriern deren Warm-
blütigkeit sehr wahrscheinlich gemacht ist, dürfen wir uns ja
auch mit dem Gedanken vertraut machen, daß eine Brutpflege
bei ihnen notwendig war.

Daß der Kehlsack bei unserem Exemplar bei seinem Tode
nicht ganz leer war, läßt sich daraus schließen, daß der vordere
unter dem Unterkiefer gelegene Teil eine auffallend ebene Beschaffenheit zeigt gegenüber dem hinteren, vor den Halswirbeln
gelegenen Teil, dessen höckerige Beschaffenheit auf einen festeren
Inhalt schließen läßt. Ob diese Beschaffenheit nur von den an
dieser Stelle befindlichen inneren Organen (Trachea) herrührt,
oder ob sie durch darin noch vorhandene Nahrung hervorgerufen
ist, läßt sich nicht feststellen.

Neben Kopf und Hals läßt unsere Platte aber auch noch
in fast tadelloser Erhaltung den rechten Hinterfuß des *Pterodactylus* von der Unterseite erkennen (Fig. 19). Die fünf Zehen,
die teils als Knochen, teils als deren Abdrücke vorliegen,
bieten nur eine Bestätigung dessen, was bisher darüber bekannt
war. Auch hier sind die Metatarsen der 1. wie der 4. und 5. Zehe
bedeutend kräftiger wie die der 2. und 3. Zehe. Der Metatarsus
der 5. Zehe schiebt sich mit seinem proximalen Ende kulissen-
artig über das des 4. Metatarsus und dieses ebenso über das des
3. Metatarsus, während auf der anderen Seite der Metatarsus
der 1. Zehe den der 2. Zehe etwas überlagert. Dann möchte ich
hier ausdrücklich hervorheben, daß auch dieses Exemplar nur
eine einzige Phalange an der 5. Zehe aufweist, wie ich das bei

sämtlichen anderen Exemplaren von *Pterodactylus*, die die Münchner
Staatssammlung besitzt, ausnahmslos feststellen konnte, soweit sie
überhaupt eine derartige Beobachtung erlauben. Die Krallenphalangen sind bei unserem Exemplar nur bei der 1. Zehe in voller Länge
zum Ausdruck gekommen, da sie auf der Seite
liegt, bei den drei nächsten Zehen ist nur
der Abdruck des proximalen Teils zu sehen.
Sie mußten jedenfalls größer gewesen sein,
als unser Exemplar es noch zeigt, und ihre
Spitzen blieben offenbar in der Gegenplatte.

    Sehr schön ist bei diesem Exemplar
der Tarsus erhalten (Fig. 19). Mir ist kein
Exemplar von *Pterodactylus* bekannt, bei
dem die Tarsalia noch so übersichtlich in
ihrem ursprünglichen Zusammenhang zu
beobachten sind. Mit dem distalen Ende
der Tibia so innig verbunden, daß die
Nähte nur noch schwierig erkennbar sind,
finden sich nebeneinander zwei große Knochen, das Tibiale und das Fibulare. Beim
Fibulare ist durch Kalkkonkretionen sein
äußerer Rand, sowie seine Verbindung mit
dem ebenfalls deformierten Ende der Tibia
unkenntlich, sodaß an diesen Stellen seine
Umrisse nicht festzustellen sind. Die des

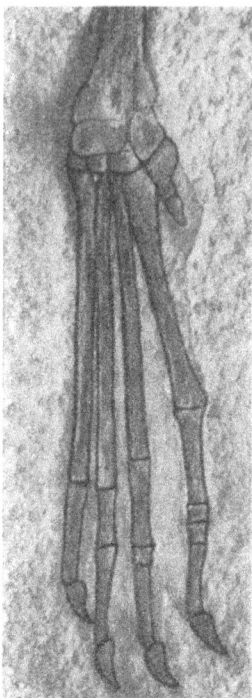

Fig. 19. Rechter Hinterfuß von
Pterodactylus cormoranus n. sp.
× 2.7.

großen und breiten Tibiale sind dagegen
völlig klar. An seine distale Fläche grenzen
die drei kleineren Tarsalia der distalen Reihe,
von denen die zwei kleineren die 1. und 2. Zehe tragen. Das
größere 3. trägt die 3. und 4. Zehe und schiebt sich mit einem
dreieckigen Fortsatz etwas zwischen das Tibiale und Fibulare
hinein. Ob dieser Fortsatz ein von dem 3. Tarsale gesondertes
Knöchelchen darstellt (Centrale), wie eine schwache Furche an-
deuten könnte, ist mir recht unwahrscheinlich. Das sehr breite
Metatarsale der 5. Zehe grenzt mit einer breiten Fläche direkt
an das Fibulare. Ganz ähnlich hat bereits Wiman (1925, p. 29,
Fig. 30) den Tarsus seines *Pt. Westmanni* beschrieben. Er fand
die drei distalen Tarsalia von gleicher Größe.

Von dem bei Wiman erwähnten Tarsus des von Zittel beschriebenen und (1882, Taf. 13, Fig. 1) abgebildeten Exemplars von
Pt. Kochi gebe ich beistehende photographische Aufnahme der
beiden Füße (Fig. 20), bei denen jedoch die Deutung der einzelnen
Tarsalia Schwierigkeiten macht. Viel besser ist der Tarsus bei dem
auch sonst so vortreff-
lich erhaltenen Collini-
schen (Cuvier) Exem-
plar von *Pt. longirostris*
(Fig. 21) zu übersehen,
das H. v. Meyer (Taf. 2,
Fig. 1) abgebildet hat.
Hier liegen dieselben

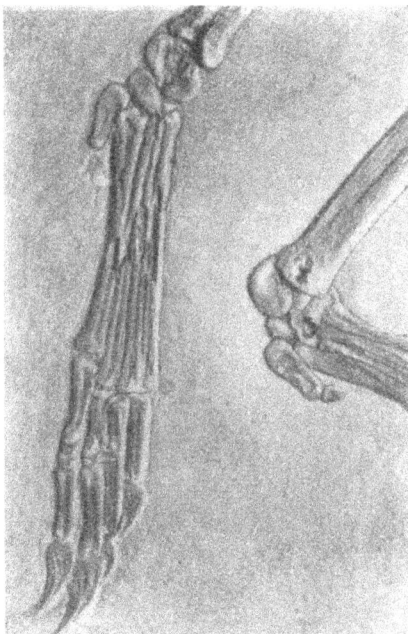

Fig. 20. Zwei Hinterfüße von *Pterodactylus Kochi*.
Zittel's Exemplar (Taf. 13, Fig. 1). × 2.7.

Fig. 21. Linker Tarsus
von *Pterodactylus lon-
girostris*. Collini's
Ex. × 3.

fünf Tarsalia sehr deutlich vor, die drei der distalen Reihe sind
aber stark verschoben, und die Metatarsalia überdecken sich derartig, daß über den ursprünglichen Zusammenhang nichts sicheres
zu entnehmen ist. Die beiden proximalen Tarsalia befinden sich
an ihrer Stelle, was zeigt, daß sie in innigerem Zusammenhang
mit der Tibia stehen.

Sodann kann ich von *Rhamphorhynchus Gemmingi* einen ganz
vortrefflich erhaltenen Fuß abbilden (Fig. 23). Er gehört zu dem
Leik'schen Exemplar (Nr. 1885) der Münchner Sammlung, das
auch den schon mehrfach beschriebenen und abgebildeten Carpus

zeigt. Hier liegt in tadellosem Zusammenhang der ganze Tarsus von der dorsalen Seite vor. Er zeigt ebenfalls sehr deutlich die fünf Tarsalia, aber alle fünf Elemente von nicht sehr verschiedener Größe. Hier wird das 1. Metatarsale außer von dem 1. distalen Tarsale noch von dem Tibiale getragen, das 2. Metatarsale vom 2. distalen Tarsale, das 3. und 4. Metatarsale vom 3. distalen Tarsale, das auch noch vom 5. Metatarsale umfaßt wird. Von letzterem ist aber nur eine schmale Kante sichtbar

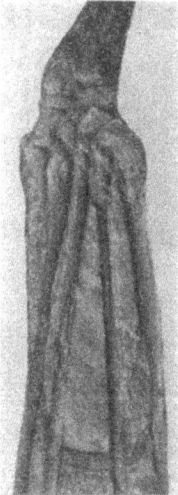

Fig. 22. Rechter Hinterfuß von *Rhamphorhynchus Gemmingi*, Zittel's Exemplar (Taf. 12, Fig. 2). × 2.6

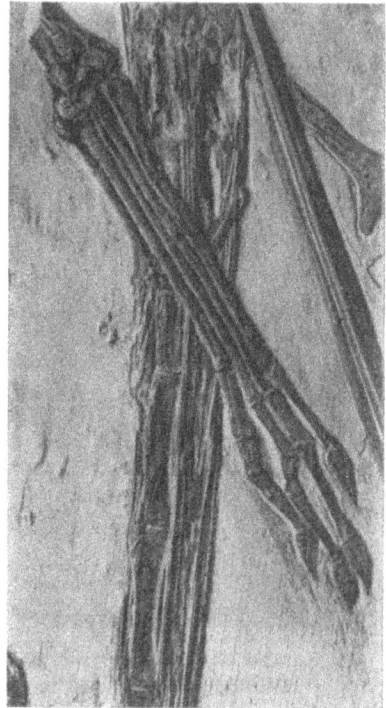

Fig. 23. Rechter Hinterfuß von *Rhamphorhynchus Gemmingi* (Loik's Sammlung). × 1.3.

und nicht zu erkennen, ob es auch noch das Fibulare erreicht Die Verhältnisse sind aber auch hier denen von unserem *Pterodactylus* sehr ähnlich. Tibiale und Fibulare sind gut zu erkennen. An diesem Exemplar ist auch die fünfte Zehe mit ihrer gebogenen Endphalange sehr gut sichtbar, die unterhalb der vier anderen Zehen liegt und diese kreuzt.

Ein ähnliches Bild zeigt auch der Tarsus des berühmten Zittel'schen Exemplars (1882, Taf. 12, Fig. 2) von *Rh. Gemmingi*,

von dem ich ebenfalls eine photographische Aufnahme hier mit-
teile (Fig. 22). Doch sind hier, die Verhältnisse viel schwieriger
zu überblicken, da einige Deformationen vorliegen. So ist auf
jeden Fall das Fibulare entstellt, so daß es aus vier getrennten
Teilen zu bestehen scheint, von denen eines den Eindruck eines
Centrale macht. Auch die Grenzen
zwischen Metatarsalia und Tarsalia
sind z. T. recht unsicher festzustellen.

Bei dieser Abbildung des Zittel-
schen Exemplars muß ich besonders
darauf aufmerksam machen, daß die
gekrümmte Endphalange der 5. Zehe
nicht, wie es gewöhnlich dargestellt
wird, über der 2. und 3. Zehe liegt,
sondern, wie an dem Original unzweideutig zu sehen ist, von allen übrigen
Zehen überkreuzt und bedeckt war.
Sie hatte genau die gleiche Lage zu
den anderen Zehen wie bei dem schö-
nen Leik'schen Exemplar (Fig. 23),
wo sie ganz unzweideutig ventral
unter allen übrigen Zehen liegt, von
denen sie gekreuzt wird. Diese 5. Zehe
war aber bei *Rhamphorhynchus*, wie
das auch Broili (1927, p. 42) aus-
führte, zweifellos unabhängig von den
vier übrigen Zehen beweglich in einer
anderen Ebene wie diese. Ich nehme
an, daß sie auch bei *Rhamphorhynchus*,
wie ich das für *Anurognathus* als wahrscheinlich halte, dazu diente, die
Schwimm- oder Flughaut der Hinterfüße zu spreizen und, weil das in

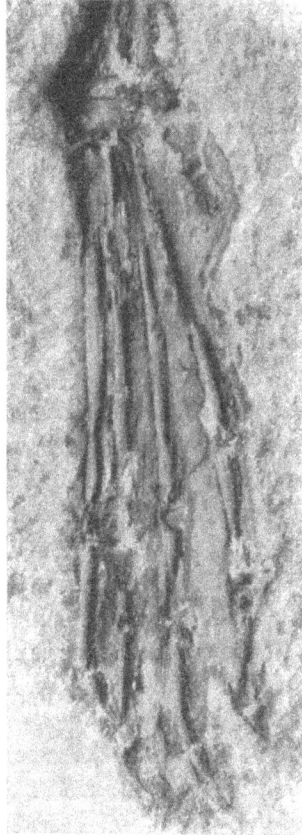

Fig. 24. Rechter Hinterfuß von *Pterodactylus cormoranus* n. sp., mit
Schwimmhaut. $\times$ 3.

einer anderen Ebene geschehen konnte wie bei den übrigen Zehen,
dadurch deren Steuerfähigkeit beim Flug außerordentlich zu er-
höhen. Den langen Schwanz mit seinem vertikalen Endsegel bei
Rhamphorhynchus halte ich wohl für einen vorzüglichen, auch
zum Steuern geeigneten Propeller beim Schwimmen im Wasser,

veranschlage aber seine Brauchbarkeit als Steuer beim Flug in
der Luft gar nicht sehr hoch. Diese langschwänzigen Formen
hatten dafür einen ganz vorzüglichen Steuerapparat an ihren mit
Flughaut versehenen Hinterfüßen, der durch die selbständige Be-
wegbarkeit der großen 5. Zehe gerade für diesen Zweck besonders
gut ausgebildet war.

Der Hinterfuß unseres neuen hier beschriebenen Exemplars von
Pterodactylus bietet aber noch eine ganz unerwartete Überraschung. Er
zeigt nämlich in kaum zu übertreffender Deutlichkeit eine Schwimmhaut (Fig. 24), die die Zehen vom Grunde der Metatarsen an bis zur Basis
der Krallenphalangen verbindet, die frei daraus hervorragen. Soweit
diese Schwimmhaut reicht, zeigt das Gestein eine glatte Oberfläche und
eine etwas dunklere Färbung, die sich von der raueren Oberfläche des
umgebenden Gesteins scharf abhebt. Besonders auffallend und scharf erscheint der Rand der Schwimmhaut zwischen der 3. und 4. Zehe, wo er
einen einspringenden Winkel bildet, wie er entstehen muß, wenn
die Zehen nicht weit von einander gespreizt sind. Es ist das
der natürliche Umriß der Schwimmhaut, wie er gar nicht besser
ausgeprägt bei einem Fossil erwartet werden kann und eine über-
raschende Ähnlichkeit mit einem Entenfuß hervorruft. Bei genauerem Zusehen erkennt man dasselbe Bild auch zwischen der
2. und 3. Zehe. Auch die 5. Zehe ist durch Schwimmhaut mit den
übrigen Zehen vereinigt, indem vom distalen Ende des 4. Metatarsale ein freier breiter Hautlappen bis nahe zur Basis des
5. Metatarsale sich hinzieht, der die rudimentäre 5. Zehe völlig umschließt. Er erinnert an den Hautlappen der kleinen Hinterzehe
bei Tauchenten.

Dieser ganz unerwartete Befund überraschte mich um so
mehr, als ich selbst 1923, p. 148 wegen ihres langen Femur den
meisten Arten von *Pterodactylus* die Eignung zu einem Schwimmfuß abgesprochen hatte im Gegensatz zu *Rhamphorhynchus* mit
seinem kurzen Femur, obwohl auch ihr Fuß wie der von Rh.
ausgesprochen plantigrad ist und ihre Metatarsen von ihrer Basis
an gespreizt getragen werden. Nun ist aber gar kein Zweifel
möglich, daß wenigstens diese beiden Gattungen von Flugsauriern
richtige Schwimmfüße besessen hatten und jedenfalls ihre Nahrung
im Wasser suchten. Dazu sind ja die langschnauzigen Formen
ganz besonders geeignet.

Der Fuß unseres Fossils zeigt auch überzeugend, daß die Schwimmhaut auf den Fuß beschränkt war und sich nicht etwa in die Flügelhaut fortsetzte. Bei der vorzüglichen Erhaltung der Weichteile an diesem Fossil müßten sich sonst sicher auch Spuren von einem solchen Zusammenhang erhalten haben. Die Füße waren frei von der Flügelhaut, konnten aber sehr wohl beim Fliegen als Steuerorgane gedient haben.

Das vorliegende Exemplar mit einiger Wahrscheinlichkeit einer der bekannten Arten von *Pterodactylus* zuzuweisen, ist mir nicht gelungen. Es würden nur die langhalsigen Arten in Betracht kommen und unter ihnen wohl nur *Pt. longirostris*, der etwa das gleiche Verhältnis von Kopf- und Halslänge zeigt (84:77 mm, einschließlich des 8. Halswirbels). Doch ist das Profil des Schädels in der Stirngegend bei unserem Exemplar auffallend konkav, bei *Pt. longirostris* dagegen eher etwas konvex. Die Gestalt und verhältnismäßige Größe der Zähne ist zwar bei beiden Formen recht ähnlich, aber unser Exemplar besitzt oben wie unten nur je 12 Zähne in einer Reihe, die weniger als die Hälfte der Unterkieferlänge in Anspruch nehmen, während ich bei dem Cuvier'schen Exemplar (Collini) im Unterkiefer 19 Zähne mit Sicherheit feststellen konnte, die beträchtlich mehr als die Hälfte der Unterkieferlänge einnehmen. Im Oberkiefer scheint die von den Zähnen besetzte Strecke nicht geringer zu sein, obwohl sich Sicheres darüber und über die Zahl der Zähne nicht beobachten läßt. Die Zahl und die Gestalt der Zähne erinnerte mich bei unserem Exemplar zuerst an *Pt. Kochi*, doch sind dessen Zähne bedeutend größer und plumper, und wegen ihres kurzen Halses scheidet diese Art völlig aus. Die kleineren Arten wie *Pt. elegans* könnten nach der Form des Schädels und der Zahnzahl eher in Frage kommen, aber hier sind die Zähne durchgehends sehr schlank und dicht gedrängt, nur auf den vordersten Teil der Kiefer beschränkt. Ich glaubte daher besser zu tun, unserem Exemplar einen neuen Namen zu geben und bezeichne es als *Pterodactylus cormoranus* nov. sp.

Ich stelle mir vor, daß, als Rhamphorhynchoidea sich mehr vom Wasser emanzipierten und den schwerfälligen langen Schwanz ablegten, zwei ganz verschiedene Entwicklungsrichtungen eingeschlagen wurden. Auf einer Linie wurde das Fußsteuer nicht nur beibehalten, sondern noch vollkommener ausgebildet durch beträchtliche Verlängerung der 5. Zehe. So entstanden schnell-fliegende Formen, die durch dieses Steuer zu einem besonders gewandten Flug befähigt wurden, so daß sie im Flug ihre Beute zu fangen verstanden wie unsere Schwalben, Segler und Fleder-mäuse. Das sind die kurzschnauzigen Formen, zu denen *Anuro-gnathus* gehört. Auf der anderen Linie wurde mit dem Schwanz auch das Fußsteuer z. T. abgebaut und die 5. Zehe wurde rudi-mentär. So entstanden Formen mit geringerer Flugfähigkeit, denen aber dafür das verkleinerte Fußsteuer vollkommen genügte. Diese suchten ihre Nahrung nach wie vor im Wasser und konnten wohl auch noch recht gut tauchen. Sie dürften eine Lebensweise geführt haben wie unser Säger (*Mergus*) und Tauch-enten (*Fuligulinae*). Das sind die *Pterodactylus*-Arten.

An die Lebens- und Ernährungsweise gerade der Säger (*Mergus*) erinnern durch ihr ähnliches Gebiß diejenigen Formen von *Pterodactylus* ganz besonders, die mit ihrer Reihe gleichlanger, aufrechtstehender Zähne in den langen Kiefern geeignet sind, selbst verhältnismäßig große Fische festzuhalten, um sie durch den sehr erweiterungsfähigen Schlund hinabzuwürgen. Eine solche Ernährungsweise haben ja auch die Kormorane mit ihrer erweiterungsfähigen Kehlhaut, die, wie wir sahen, *Pterodactylus* ebenfalls besaß. Daß sie ebenso tüchtig wie diese sehr gut flie-genden Vögel auch zu schwimmen und zu tauchen verstanden, das zeigt der ausgeprägte Schwimmfuß, den das mir vorliegende Exemplar von *Pterodactylus* in ganz erstaunlich schöner Erhaltung zeigt. Es sind ja bei ihm nicht nur alle Zehen bis zu den Krallen durch eine Schwimmhaut verbunden, sondern die kleine 5. Zehe besitzt einen nach außen vorgewölbten Hautlappen, der etwas an den der ebenfalls verkümmerten Hinterzehe der Säger und Tauch-enten erinnert.

———————

Tafelerklärung.

Taf. 3, unten. *Pterodactylus cormoranus* n. sp. Kopf und Hals mit den Umrissen der Weichteile, unter dem Kopf kehlsackartige Hautverbreitung, über der Stirn ein Hautlappen sichtbar, darüber rechter Hinterfuß.

———————

Egger, Jos. G. Foraminiferen aus Meeresgrundproben. Bd. XVIII, 2
  1893.   M. 8.—
— Ostracoden aus Meeresgrundproben gelotet von SM. S. Gazelle
  8 Taf. Bd. XXI   M. 5.—
Haas, F. und Schwarz, E. Die Unioniden des Gebietes zwischen Main
  und deutscher Donau in tiergeographischer und biologischer
  Hinsicht (mit 4 Taf. u. 1 Karte). Bd. XXVI, 7. 1913. M. 3.—
Hellmayr, K. E. Revision der Spix'schen Typen brasilianischer Vögel
  Bd. XXII 1906.   M. 5.—
Hertwig, Rich. Gedächtnissrede auf Carl Th. v. Siebold. 1886. M. 1.—
— Ueber die Conjugation der Infusorien. Bd. XVII, 1.   1889.
                                                             M. 3.—
— Ueber Kerntheilung, Richtungskörperbildung und Befruchtung von
  Actinosphaerium Eichhorni. Bd. XIX, 3. 1898.   M. 6.—
Kupffer, G. Gedächtnissrede auf Th. L. W. v. Bischoff. 1884. M. 1.50
Laubmann, A. Vögel. Wissenschaftliche Ergebnisse der Reise von Prof.
  Dr. Merzbacher im Thian-Schan. Bd. XXVI, 3.
— Vögel. Wissenschaftliche Ergebnisse der Reise von Dr. E. Zug-
  mayer in Balutschistan 72 S. 1 Taf. Bd. XXVI.   M. 4.—
Müller, Lorenz. Zoologische Ergebnisse einer Reise in das Mündungs-
  gebiet des Amazonas.
    I. Allgemeine Bemerkungen über Fauna und Flora des bereisten
    Gebietes von L. Müller. 42 S. 3 Taf. Bd. XXVI, 1. 1912.
                                                             M. 2.—
    II. Vögel von C. E. Hellmayr. 142 S. Bd. XXVI, 2.   1912.
                                                             M. 5.—
— Beiträge zur Herpetologie Kameruns (mit 1 Tafel). Bd. XXIV, 3.
  1910.   M. 4.—
Siebold, C. Th. E. v. Ueber Parthenogenesis. Festrede. 1862. M. —.70
Stechow, E. Beiträge zur Natur- und Kulturgeschichte Lithauens.
  Supplementhefte 1—9.
    Heft 1. Sachtleben, H. Vögel 232 S. 1 Taf. 1921.   M. 10.—
    Heft 2—5.   M. 3.—
        Birkner, F. Steinzeitliche Funde aus Lithauen 16 S. 4 Taf.
        Enderlein, G. Parasitische Insekten aus Lithauen 1 S.
        Scheuring, L. Parasitische Trematoden aus Lithauen 1 S.
        Stechow, E. Biologische Beobachtungen 3 S.
    Heft 6—9.   M. 10.—
        Sack, T. Die Zweiflügler des Urwalds von Bialowics 18 S.
        Bischoff, H. Hymenoptera 60 S.
        Ulmer, G. Trichopteren und Ephemeropteren aus dem Bia-
        lowicser Wald 3 S.
        Klose, H. Ueber Waldbienenzucht in Lithauen und einigen
        Nachbargebieten 63 S. 9 Taf.
Weber, H. Mollusken. Wissenschaftliche Ergebnisse der Reise von
  Prof. Dr. Merzbacher im Thian-Schan 1907/09. III. Bd.
  XXVI, 5. 1913.
Werner, Fr. Ueber Reptilien und Batrachier aus Guatemala und China.
  1 farb. Taf. Bd. XXII, 2. 1903.   M. 1.20
Zugmayer, E. Fische. Wissenschaftliche Ergebnisse der Reise von Prof.
  Dr. Merzbacher im Thian-Schan. II. Bd. XXVI, 4.
— Die Fische von Balutschistan. Wissenschaftliche Ergebnisse der
  Reise von Dr. E. Zugmayer in Balutschistan. 35 S. Bd.
  XXVI, 6.   M. 2.—

b) AUS DEN SITZUNGSBERICHTEN.

Bütschli, O. Interessante Schaumstrukturen von Dextrin und Gummi-
lösungen. 1903. 2.   M. —.40

Doflein, F. Bericht über meine Reise nach Westindien und Nord-
amerika. 1898.   M. —.60

— Amerikanische Decapoden des bayerischen Staates. 1899. M. —.60

— Ueber eine neue Süsswasser-Krabbe aus Columbien. 1900. M. —.60

— Ueber dekapode Crustaceen der k. b. Staatssammlungen. M. —.60

Forel, A. Die Ameisen des K. Zool. Museums in München. 55 S. 1911.
       M. 1.20

Hartmann, A. Verkalkungsvorgänge im gesunden und rachitischen
Knorpel. 38 S. 1913.   M. —.80

Hertwig, Richard. Ueber den Einfluß der Ueberreife des Eis auf das
Geschlechtsverhältnis von Fröschen und Schmetterlingen 26 S.
1921, 2.   M. —.80

— Einfluß der Ueberreife der Geschlechtszellen auf das Geschlecht
von Lymantria dispar 38 S. 1923, 2.   M. 1.—

— Ueber experimentelle Geschlechtsbestimmung bei Fröschen 24 S.
1925.   M. —.80

Kupffer, C. Ueber aktive Betheiligung des Dotters am Befruchtungs-
akte bei Bufo variabilis und vulgaris. 1882.

Kupffer, C. Das Ei von Arvicola arvalis und die vermeintliche Umkehr
der Keimblätter an demselben (mit 1 Tafel). 1882.

— Ueber den Axencylinder markhaltiger Nervenfasern (mit 1 Tafel).
1883.

— Primäre Metamerie des Neuralrohrs der Vertebraten. 1885.

— Ueber die Entwicklung von Petromyzon Planeri. 1888.

Maas, O. Ueber Entstehung und Wachstum der Kieselgebilde bei Spon-
gien. 1900, 3.   M. —.40

— Bemerkungen zum System der Medusen. 1904, 3.   M. —.40

Rückert, J. Zur Kenntnis des Befruchtungsvorganges. 1895. M. —.20

— Ueber die Ossifikation d. menschlichen Fußskeletts. 1901, 1. M. —.20

— Ueber die Abstammung der bluthaltigen Gefäßanlagen beim Huhn.
1 Taf. 1902, 4.   M. —.20

Schlechtinger, H. Das Verhalten der Plastosomen in der Spermato-
genese von Hirudo medicinalis und Aulastomum vorax 39 S.
2 Taf. 1914.   M. 1.20

Siebold, C. Th. v. Ueber Parthenogenesis der Artemia salina. 1873.

Wagner, Moriz. Ueber die Darwinsche Theorie in Bezug auf die
geographische Verbreitung der Organismen. 1868.

— Ueber den Einfluss der geograph. Isolierung und Kolonienbildung
auf die morpholog. Veränderungen der Organismen. 1870.

Werner, Franz. Ueber einige neue oder seltene Reptilien und Frösche
der zoologischen Sammlung des Staates in München. 1897.

Man vergl. hiezu auch das „Register zu den 50 Jahrgängen der Sitzungsberichte (1860
bis 1911)" und das „Register der Abhandlungen, Denkschriften und Reden (1807—1913)"
sowie den Verlagskatalog 1. Nachtrag (1910—1926).
Abhandlungen, bei denen die Preisangabe fehlt, sind nicht gesondert erschienen.

Akademische Buchdruckerei F. Straub in München.

www.ingramcontent.com/pod-product-compliance
Lightning Source LLC
Chambersburg PA
CBHW031450180326
41458CB00002B/725